书由北京工业职业技术学院电子信息教学团队共同编写完成，其中项目一由李娜编
目二由刘莉宏和程一玮共同编写，项目三由樊利军、程韦和张小燕共同编写，项目
昊编写。

本书的编写过程中，先后得到了北京煤炭矿用机电设备技术开发公司、首钢自动化
术有限公司的工程技术人员和北京工业职业技术学院领导的大力支持，在此为本书
做出贡献的同志们表示衷心的感谢。

管我们在电子电路的分析与实践课程和教材的开发过程中做了许多努力，但由于编
有限，书中难免会存在缺点和错误，恳请读者批评、指正。

编　者

世纪英才高等职业教育课改系列规划教材（电子信息类）

电子电路分析与实践指导

樊利军　主　编

人民邮电出版社

北　京

图书在版编目（CIP）数据

电子电路分析与实践指导 / 樊利军主编. -- 北京：
人民邮电出版社，2010.6
　（世纪英才高等职业教育课改系列规划教材. 电子信息类）
　ISBN 978-7-115-22662-4

　Ⅰ.①电… Ⅱ.①樊… Ⅲ.①电子电路－电路分析－
高等学校：技术学校－教材 Ⅳ.①TN710

　中国版本图书馆CIP数据核字(2010)第051605号

内 容 提 要

本书是《电子电路分析与实践》的配套教材。本书由多年从事电子技术课程教学改革和实践的老师与合作企业的工程技术人员一起编写，书中内容结合高职高专的办学定位、岗位需求、生源的具体水平等情况，适合作为高职高专电子信息类专业的电子技术基础课程的配套教材使用。

本书主要内容包括教材中学习的要点、学习中存在的问题和意见的学习过程记录表单，学生完成任务制定的计划、测试数据等完整的工作过程记录表单，以及对学生在完成任务过程中的敬业精神、专业能力、方法能力、社会能力等方面的评价表单。任务评价采取自评、组内互评、教师对个人评价以及教师对小组评价相结合的方式，全面、公正地对学生的学习效果进行评价。

本书可作为高职高专院校通信技术、电子信息技术、电子测量技术与仪器、电气自动化技术专业的教材，也可作为有关专业师生和工程技术人员的参考用书。

世纪英才高等职业教育课改系列规划教材（电子信息类）

电子电路分析与实践指导

◆ 主　　编　樊利军
　责任编辑　丁金炎
　执行编辑　郑奎国

◆ 人民邮电出版社出版发行　　北京市崇文区夕照寺街 14 号
　邮编　100061　电子函件　315@ptpress.com.cn
　网址　http://www.ptpress.com.cn
　北京昌平百善印刷厂印刷

◆ 开本：787×1092　1/16
　印张：8
　字数：179 千字　　　　　　　　2010 年 6 月第 1 版
　印数：1—3 500 册　　　　　　　2010 年 6 月北京第 1 次印刷

　　　　　ISBN 978-7-115-22662-4

　　　　　定价：16.00 元
读者服务热线：(010)67129264　印装质量热线：(010)67129223
　　　　反盗版热线：(010)67171154

本书是北京工业职业技术学院国家示范性高职院校建设项目成……电子技术课程教学改革和实践的老师与合作企业的工程技术人员……职高专的办学定位、岗位需求、生源的具体水平等情况，专门为……业编写的一本与《电子电路分析与实践》教材配套使用的实践指……配合使用。

本书主要内容包括教材中学习的要点、学习中存在的问题和意见……学生完成任务制定的计划、测试数据等完整的工作过程记录表单，……过程中的敬业精神、专业能力、方法能力、社会能力等方面的评价……生自评、组内互评、教师对个人评价以及教师对小组评价相结合的……学生的学习效果进行评价。

本课程教学学时数为 152 学时，其各项目任务学时如下表所列，可……

参考学时分配表	
项　　目	任 务 内 容
音频功率放大器的分析与调试	任务一：前置放大电路的分析与调试
	任务二：负反馈放大电路的分析与调试
	任务三：功率放大电路的分析与调试
	任务四：音频功率放大器的分析与调试
数字电路的分析与测试	任务一：数字电路基本元器件的功能测试
	任务二：译码显示电路的分析与测试
	任务三：计数电路的分析与测试
	任务四：校时电路的分析与测试
	任务五：振荡电路的分析与测试
	任务六：数字钟电路的分析与调试
简易数字温度计电路的分析与调试	任务一：直流稳压电路的分析与调试
	任务二：温度测量电路的分析与调试
	任务三：A/D 转换和显示电路的分析与调试
调幅收音机的组装与调试	任务一：变频器电路的制作与测试
	任务二：调谐放大器电路的制作与测试
	任务三：检波器电路的制作与测试
	任务四：调幅收音机整机的组装与调试

Contents 目　录

项目一　音频功率放大器的分析与调试 ··· 1

项目描述 ·· 1

任务一　前置放大电路的分析与调试 ··· 1

第一部分　学习过程记录 ··· 1

第二部分　工作过程记录 ··· 3

任务评价 ··· 6

任务二　负反馈放大电路的分析与调试 ······································· 9

第一部分　学习过程记录 ··· 9

第二部分　工作过程记录 ··· 10

任务评价 ··· 13

任务三　功率放大电路的分析与调试 ··· 15

第一部分　学习过程记录 ··· 15

第二部分　工作过程记录 ··· 16

任务评价 ··· 19

任务四　音频功率放大器的分析与调试 ····································· 22

第一部分　学习过程记录 ··· 22

第二部分　工作过程记录 ··· 23

任务评价 ··· 27

项目二　数字电路的分析与测试 ··· 31

项目描述 ··· 31

任务一　数字电路基本元器件的功能测试 ································· 31

第一部分　学习过程记录 ··· 31

第二部分　工作过程记录 ··· 33

任务评价 ··· 38

任务二　译码显示电路的分析与测试 ··· 41

第一部分　学习过程记录 ··· 41

第二部分　工作过程记录 ··· 42

任务评价 ··· 44

任务三　计数电路的分析与测试 ··· 47

第一部分　学习过程记录 ··· 47

第二部分　工作过程记录 ··· 48

任务评价 ··· 50

任务四　校时电路的分析与测试 …………………………………………………… 53
　　第一部分　学习过程记录 …………………………………………………… 53
　　第二部分　工作过程记录 …………………………………………………… 54
　　任务评价 …………………………………………………………………… 57
任务五　振荡电路的分析与测试 …………………………………………………… 60
　　第一部分　学习过程记录 …………………………………………………… 60
　　第二部分　工作过程记录 …………………………………………………… 60
　　任务评价 …………………………………………………………………… 63
任务六　数字钟电路的分析与测试 ………………………………………………… 65
　　第一部分　学习过程记录 …………………………………………………… 65
　　第二部分　工作过程记录 …………………………………………………… 66
　　任务评价 …………………………………………………………………… 67

项目三　简易数字温度计电路的分析与调试 ……………………………………… 71
　项目描述 …………………………………………………………………………… 71
　任务一　直流稳压电路的分析与调试 …………………………………………… 71
　　第一部分　学习过程记录 …………………………………………………… 71
　　第二部分　工作过程记录 …………………………………………………… 72
　　任务评价 …………………………………………………………………… 75
　任务二　温度测量电路的分析与调试 …………………………………………… 77
　　第一部分　学习过程记录 …………………………………………………… 77
　　第二部分　工作过程记录 …………………………………………………… 78
　　任务评价 …………………………………………………………………… 83
　任务三　A/D 转换和显示电路的分析与调试 …………………………………… 86
　　第一部分　学习过程记录 …………………………………………………… 86
　　第二部分　工作过程记录 …………………………………………………… 87
　　任务评价 …………………………………………………………………… 91

项目四　调幅收音机的组装与调试 ………………………………………………… 94
　项目描述 …………………………………………………………………………… 94
　任务一　变频器电路的制作与测试 ……………………………………………… 94
　　第一部分　学习过程记录 …………………………………………………… 94
　　第二部分　工作过程记录 …………………………………………………… 95
　　任务评价 …………………………………………………………………… 97
　任务二　调谐放大器电路的制作与测试 ………………………………………… 100
　　第一部分　学习过程记录 …………………………………………………… 100
　　第二部分　工作过程记录 …………………………………………………… 100
　　任务评价 …………………………………………………………………… 103

任务三　检波器电路的制作与测试 ··· 106

　第一部分　学习过程记录 ··· 106

　第二部分　工作过程记录 ··· 107

　任务评价 ··· 109

任务四　调幅收音机整机的组装与调试 ··· 112

　第一部分　学习过程记录 ··· 112

　第二部分　工作过程记录 ··· 113

　任务评价 ··· 116

项目一 音频功率放大器的分析与调试

本项目以音频功率放大器为载体，学习音频功率放大器的方案设计、各种功能电路（分立前置放大电路、负反馈放大电路、功率放大电路）的设计、分析和调试的方法，最后对音频功率放大器的整机电路进行组装与调试。

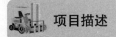 **项目描述**

学习目标	知识目标： (1) 基本放大电路的基本知识； (2) 放大电路的静态工作点的计算方法和动态性能指标的计算方法； (3) 负反馈的基本知识、类型和分析方法； (4) 功率放大器的基本知识、组成和类型； (5) 音频功率放大器电路的组成和工作原理； (6) 音频功率放大器各个组成部分的设计、分析以及调试过程 能力目标： (1) 能根据要求选用合适的模拟电子元器件，设计基本放大电路； (2) 熟练运用模拟电路主要专业知识与技能，分析和测试基本放大电路、负反馈放大电路、滤波电路、功率放大电路等； (3) 能列出元器件清单，询价，购买元器件，焊制电路，能正确地使用仪表检测涉及的元器件和电路； (4) 能对电路的状态、电路故障及提高电路性能做出定性或定量的分析及具体的调试； (5) 能编写文档记录制作过程和测试结果，并能制作 PPT 汇报工作成果
项目任务	任务一：前置放大电路的分析与调试； 任务二：负反馈放大电路的分析与调试； 任务三：功率放大电路的分析与调试； 任务四：音频功率放大器的组装与调试
建议学时	48 学时

任务一 前置放大电路的分析与调试

第一部分 学习过程记录

小组成员根据前置放大电路的分析与调试的学习目标，认真学习相关知识，并将学习过程的内容（要点）进行记录，同时也将学习中存在的问题和意见进行记录，填写表单 1-1-1。

表单 1-1-1

项目名称	音频功率放大器的分析与调试		任务名称	前置放大电路的分析与调试	
班级		组名		组员	
开始时间		计划完成时间		实际完成时间	
三极管的结构和工作状态					
放大电路的分类和结构原理图					
放大电路的静态工作点					
放大电路的性能指标					
放大电路的使用注意事项					
放大电路的分析和测试的步骤和方法					
固定偏置式和分压偏置式放大电路的特点					
静态工作点对放大电路输出波形的影响					
存在的问题及反馈意见					

第二部分 工作过程记录

每个学习小组根据任务表单进行分工合作，并制订工作计划，按要求填写表单 1-1-2 并做好记录。

表单 1-1-2

项目名称	音频功率放大器的分析与调试	任务名称		前置放大电路的分析与调试	
班级		组名		成员	
开始时间		计划完成时间		实际完成时间	
注意事项	（1）电解电容的极性不能接错，以免造成电容器的损坏； （2）电路装接好之后才可以接通电源； （3）进行性能指标测试时，一定要注意测试条件； （4）静态工作点调整合适之后再进行性能指标的测试				
小组讨论，分工合作及工作计划的结果					

1.1.1 放大电路测试的准备

测试电路如图 1.1.1 所示，输入/输出电阻测量电路如图 1.1.2 所示。

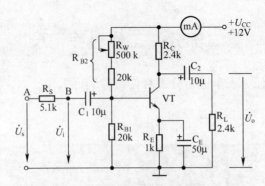

图 1.1.1　分压偏置式共发射极放大电路

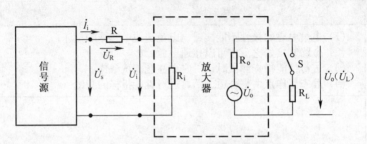

图 1.1.2　输入/输出电阻测量电路

首先测试所用元器件的好坏，然后按图 1.1.1 接好电路。为防止干扰，各仪器的公共端必须连在一起，同时信号源、交流毫伏表和示波器的引线应采用专用电缆线或屏蔽线，如使用屏蔽线，则屏蔽线的外包金属网应接在公共接地端上。

参考电路图 1.1.1 填写表 1-1-1。

表 1-1-1

测 试 项 目	理论计算值	所需仪器仪表	备　　注
静态工作点			
电压放大倍数			
输入电阻			
输出电阻			

1.1.2　所需仪器仪表的使用方法及步骤

1．万用表

2．信号发生器

3．双踪示波器

4．交流毫伏表

1.1.3　静态工作点的测试

接通直流电源前，先将 R_W 调至最大，函数信号发生器输出旋钮旋至零。接通 +12V 电源，调节 R_W，使 $I_C=2.0$mA，用直流电压表测量 U_B、U_E、U_C 及用万用表测量 R_{B2} 值。记录数据并进行分析，填入表 1-1-2 中。

表 1-1-2 $I_C=2.0$mA

测 量 值					计 算 值		
U_B (V)	U_E (V)	U_C (V)	R_{B2} (kΩ)	I_E (mA)	U_{BE} (V)	U_{CE} (V)	I_B (mA)

1.1.4 电压放大倍数的测试

在放大器输入端加频率为 1kHz 的正弦信号 u_s，调节函数信号发生器的输出旋钮使放大器输入电压 $u_i \approx 10$mV，同时用示波器观察放大器输出电压波形 u_o，在波形不失真的条件下用交流毫伏表测量下述三种情况下的 u_o 值，计算电压放大倍数并用双踪示波器观察 u_o 和 u_i 的相位关系，记录数据并进行分析，填入表 1-1-3 中。

表 1-1-3 $I_C=2.0$mA

R_C (kΩ)	R_L (kΩ)	u_o (V)	A_u	观察记录一组 u_o 和 u_i 的波形
2.4	∞			
1.2	∞			
2.4	2.4			

1.1.5 观察静态工作点对电压放大倍数的影响

置 $R_C=2.4$kΩ，$R_L=\infty$，u_i 适量，调节 R_W，用示波器监视输出电压 u_o 波形，在 u_o 不失真的条件下，测量数组 I_C 和 u_o 值，记录数据并进行分析，填入表 1-1-4 中。

表 1-1-4 $R_C=2.4$kΩ $R_L=\infty$ $u_i=10$mV

I_C (mA)			2.0		
u_o (V)					
A_u					

测量 I_C 时，要先将信号源输出旋钮旋至零（即使 $u_i=0$V）。

1.1.6 观察静态工作点对输出波形失真的影响

置 $R_C=2.4$kΩ，$R_L=2.4$kΩ，$u_i=0$V，调节 R_W 使 $I_C=2.0$mA，测出 U_{CE} 值，再逐步加大输入信号，使输出电压 u_o 足够大但不失真。然后保持输入信号不变，分别增大和减小 R_W，使波形出现失真，绘出 u_o 的波形，并测出失真情况下的 I_C 和 U_{CE} 值，记录数据并进行分析，填入表 1-1-5 中。

表 1-1-5　　　　　　　　R_C=2.4kΩ　R_L=2.4kΩ　　u_i=0mV

I_C（mA）	U_{CE}（V）	u_o波形	失真情况	管子工作状态
		u_o ↑ O→t		
2.0		u_o ↑ O→t		
		u_o ↑ O→t		

1.1.7　测量最大不失真输出电压

置 R_C=2.4kΩ，R_L=2.4kΩ，同时调节输入信号的幅度和电位器 R_W，用示波器和交流毫伏表测量最大不失真电压 U_{opp}，记录数据并进行分析，填入表 1-1-6 中。

表 1-1-6　　　　　　　　R_L=2.4kΩ　　R_C=2.4kΩ

I_C（mA）	U_{im}（mV）	U_{opp}（V）

1.1.8　测量输入电阻和输出电阻

置 R_C=2.4kΩ，R_L=2.4kΩ，I_C=2.0mA。输入 f=1kHz 幅值较小的正弦信号，在输出电压 u_o 不失真的情况下，用交流毫伏表测出 u_s，u_i 和 u_o，记录数据并进行分析，填入表 1-1-7 中。

保持 u_s 不变，断开 R_L，测量输出开路电压 u_o，记录数据并进行分析，填入表 1-1-7 中。

表 1-1-7　　　　I_C=2.0mA　　R_C=2.4kΩ　　R_L=2.4kΩ

u_s（mv）	u_i（mv）	R_i（kΩ）		u_{oc}（V）	u_o（V）	R_o（kΩ）	
		测量值	计算值			测量值	计算值

思考：

（1）列表整理测量结果，并把实测的静态工作点、电压放大倍数、输入电阻、输出电阻之值与理论计算值作比较（取一组数据进行比较），分析产生误差的原因。

（2）总结 R_C，R_L 及静态工作点对放大器电压放大倍数、输入电阻、输出电阻的影响。

（3）讨论静态工作点变化对放大器输出波形的影响。

（4）分析讨论在调试过程中出现的问题。

任务评价

任务评价包括学生自评表、组内互评表、教师对个人评价表、教师对小组评价表，分别如表单 1-1-3、表单 1-1-4、表单 1-1-5、表单 1-1-6 所示，任务一评价成绩汇总表如表单 1-1-7 所示。

表单 1-1-3

学生自评表				
评价人签名：		评价时间：		
评价项目	具体内容	分值标准	得分	备注
敬业精神	(1) 不迟到、不缺课，不早退； (2) 学习认真，责任心强； (3) 积极参与完成项目的各个步骤	10		
专业能力	能用万用表确定三极管的管脚和类型，正确识别和检测电阻、电容	10		
	仪器仪表和各种工具的使用熟练，操作正确	10		
	能正确进行放大电路静态工作点的调整与测试	10		
	能按要求进行放大电路性能指标的测试，数据记录正确，能正确分析结果	10		
	能按要求记录放大电路的输入/输出波形，并能正确分析结果	10		
	能按工艺要求正确装接电路，布局合理，电路装接规范，走线美观	10		
方法能力	(1) 语言表达清晰，表达能力； (2) 信息、资料的收集整理能力； (3) 提出有效工作、学习方法的能力； (4) 组织实施能力	15		
社会能力	(1) 与人沟通能力； (2) 团队协作能力； (3) 互助能力； (4) 安全、环保、责任意识	15		
总分		100		

表单 1-1-4

组内互评表					
班级			组别		
小组成员					
小组长签名					
评价内容	评 分 标 准		分值	得分	备注
目标明确程度	工作目标明确，工作计划具体、结合实际，具有可操作性		10		
情感态度	工作态度端正，注意力集中，能使用网络资源进行相关资料的收集		15		

续表

评价内容	评 分 标 准	分值	得分	备注
团队协作	积极与组内成员合作，共同完成工作任务	15		
专业能力要求	（1）能用万用表确定三极管的管脚和类型，正确识别和检测电阻、电容； （2）仪器仪表和各种工具的使用熟练，操作正确； （3）能正确进行放大电路静态工作点的调整与测试； （4）能按要求进行放大电路性能指标的测试，数据记录正确，能正确分析结果； （5）能按要求记录放大电路的输入/输出波形，并能正确分析结果； （6）能按工艺要求正确装接电路，布局合理，电路装接规范，走线美观	60		
总分		100		

表单 1-1-5

教师对个人评价表				
责任教师		小组成员	教师签名	
评价内容	分值	得分	备注	
目标认知程度	5			
情感态度	5			
团队协作	5			
资讯材料准备情况	5			
方案的制定	10			
方案的实施	45			
解决的实际问题	10			
安全操作、经济、环保	5			
技术文档分析	10			
总分	100			

表单 1-1-6

教师对小组评价表			
班级		组别	
责任教师		教师签名	
评价内容	分值	得分	备注
基本知识和技能水平	15		
方案设计能力	15		
任务完成情况	20		

续表

评价内容	分值	得分	备注
团队合作能力	20		
工作态度	20		
任务完成情况演示	10		
总分	100		

表单 1-1-7

任务一成绩汇总表				
班级		组别		组员
评价方式	学生自评	组内互评	教师对个人评价	教师对小组评价
评价分数				
评价系数	10%	30%	30%	30%
汇总分数				
责任教师、组长、个人签名				

表中右侧合并列：任务一评价总分数

任务二 负反馈放大电路的分析与调试

第一部分 学习过程记录

小组成员根据负反馈放大电路的分析与调试的学习目标，认真学习相关知识，并将学习过程的内容（要点）进行记录，同时也将学习中存在的问题和意见进行记录，填写表单 1-2-1。

表单 1-2-1

项目名称	音频功率放大器的分析与调试		任务名称	负反馈放大电路的分析与调试	
班级		组名		组员	
开始时间		计划完成时间		实际完成时间	
负反馈的基本知识及类型					
负反馈放大电路的结构图					

续表

判断反馈类型的方法	
引入负反馈的一般原则	
负反馈放大电路的静态和动态分析	
多级放大电路的分析方法	
存在的问题及意见反馈	

第二部分　工作过程记录

每个学习小组根据任务表单进行分工合作，并制订工作计划，按要求填写表单 1-2-2 并做好记录。

表单 1-2-2

项目名称	音频功率放大器的分析与调试		任务名称		负反馈放大电路的分析与调试	
班级		组名		成员		
开始时间		计划完成时间			实际完成时间	
注意事项	（1）负反馈电路类型判断； （2）多级放大电路的耦合方式对电路的影响； （3）多级放大直接耦合产生的零点漂移； （4）进行性能指标测试时，一定要注意测试条件； （5）静态工作点调整合适之后再进行性能指标的测试					

续表

小组讨论，分工合作及工作计划的结果	

1.2.1 负反馈电路测试的准备

负反馈测试电路如图 1.2.1 所示。

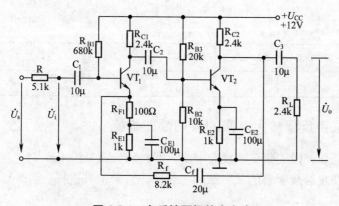

图 1.2.1 负反馈两级放大电路

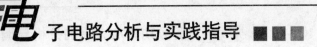

参考电路图 1.2.1 填写表 1-2-1。

表 1-2-1

测 试 项 目	理论计算值	所需仪器仪表	备 注
静态工作点			
基本放大器（无反馈）的各项性能指标			
负反馈放大电路的各项性能指标			
负反馈对放大电路非线性失真的改善			

1.2.2 静态工作点测试

按电路原理图连接电路，取 U_{CC}=+12V，u_i=0V，用直流电压表分别测量第一级、第二级的静态工作点，记录数据并进行分析，填入表 1-2-2 中。

表 1-2-2

测试项目	U_B (V)	U_E (V)	U_C (V)	I_C (mA)
第一级				
第二级				

1.2.3 测试基本放大器（无反馈）的各项性能指标

将电路改为按无反馈原理图连接，即把 $R_F C_1$ 断开，其他连线不动，测量中频电压放大倍数 A_u，输入电阻 R_i 和输出电阻 R_o。

① 将 f=1kHz，$u_s \approx 5$mV 的正弦信号输入放大器，用示波器监视输出波形 u_o，在 u_o 不失真的情况下，用交流毫伏表测量 u_s、u_i、u_o，记录数据并进行分析。

② 保持 u_s 不变，断开负载电阻 R_L（注意，R_f 不要断开），测量空载时的输出电压 u_{oc}，记入表 1-2-3。

表 1-2-3

	U_S (mV)	U_i (mV)	U_o (V)	U_{oc} (V)	A_u	R_i (kΩ)	R_o (kΩ)
基本放大器							

1.2.4 测试负反馈放大电路的各项性能指标

将电路恢复为原理图的负反馈放大电路。适当加大 u_s（约 10mV），在输出波形不失真的条件下，测量负反馈放大器的 A_{uf}、R_{if} 和 R_{of}，记录数据并进行分析，填入表 1-2-4 中。

表 1-2-4

负反馈放大器	U_S (mV)	U_i (mV)	U_L (V)	U_o (V)	A_{uf}	R_{if} (kΩ)	R_{of} (kΩ)

测试结论：

该电路的极间反馈类型为_____。随着反馈的引入，放大倍数_____，输入电阻_____，输出电阻_____。

任务评价

任务评价包括学生自评表、组内互评表、教师对个人评价表、教师对小组评价表，分别如表单 1-2-3、表单 1-2-4、表单 1-2-5、表单 1-2-6 所示，任务二评价成绩汇总表如表单 1-2-7 所示。

表单 1-2-3

学生自评表				
评价人签名：		评价时间：		
评价项目	具体内容	分值标准	得分	备注
敬业精神	(1) 不迟到、不缺课，不早退； (2) 学习认真，责任心强； (3) 积极参与完成项目的各个步骤	10		
专业能力	能用万用表正确识别和检测各个元器件	10		
	能按工艺要求正确装接电路，布局合理，电路装接规范，走线美观	10		
	仪器仪表和各种工具的使用熟练，操作正确	10		
	能正确对负反馈放大电路进行类型判断和分析	10		
	能按正确进行负反馈放大电路性能指标的测试，数据记录正确，能正确分析结果	10		
	能按要求记录负反馈放大电路的输入/输出波形，并能正确分析结果	10		
方法能力	(1) 语言表达清晰，表达能力； (2) 信息、资料的收集整理能力； (3) 提出有效工作、学习方法的能力； (4) 组织实施能力	15		
社会能力	(1) 与人沟通能力； (2) 团队协作能力； (3) 互助能力； (4) 安全、环保、责任意识	15		
总分		100		

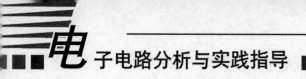

表单 1-2-4

组内互评表				
班级		组别		
小组成员				
小组长签名				
评价内容	评 分 标 准	分值	得分	备注
目标明确程度	工作目标明确，工作计划具体、结合实际，具有可操作性	10		
情感态度	工作态度端正，注意力集中，能使用网络资源进行相关资料的收集	15		
团队协作	积极与组内成员合作，共同完成工作任务	15		
专业能力要求	（1）能用万用表正确识别和检测各个元器件； （2）能按工艺要求正确装接电路，布局合理，电路装接规范，走线美观； （3）仪器仪表和各种工具的使用熟练，操作正确； （4）能正确对负反馈放大电路进行类型判断和分析； （5）能按正确进行负反馈放大电路性能指标的测试，数据记录正确，能正确分析结果； （6）能按要求记录负反馈放大电路的输入/输出波形，并能正确分析结果	60		
总分		100		

表单 1-2-5

教师对个人评价表					
责任教师		小组成员		教师签名	
评价内容	分值	得分	备注		
目标认知程度	5				
情感态度	5				
团队协作	5				
资讯材料准备情况	5				
方案的制定	10				
方案的实施	45				
解决的实际问题	10				
安全操作、经济、环保	5				
技术文档分析	10				
总分	100				

表单 1-2-6

教师对小组评价表			
班级		组别	
责任教师		教师签名	
评价内容	分值	得分	备注
基本知识和技能水平	15		
方案设计能力	15		
任务完成情况	20		
团队合作能力	20		
工作态度	20		
任务完成情况演示	10		
总分	100		

表单 1-2-7

任务二成绩汇总表				
班级		组别	组员	
评价方式	学生自评	组内互评	教师对个人评价	教师对小组评价
评价分数				
评价系数	10%	30%	30%	30%
汇总分数				
责任教师、组长、个人签名				

最右列为"任务二评价总分数"（跨行）。

任务三 功率放大电路的分析与调试

第一部分 学习过程记录

小组成员根据功率放大电路的分析与调试的学习目标，认真学习相关知识，并将学习过程的内容（要点）进行记录，同时也将学习中存在的问题和意见进行记录，填写表单 1-3-1。

表单 1-3-1

项目名称	音频功率放大器的分析与调试		任务名称	功率放大电路的分析与调试	
班级		组名		组员	
开始时间		计划完成时间		实际完成时间	
功率放大器的特点和要求					

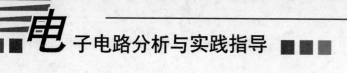
续表

功率放大电路的分类	
甲乙类功率放大电路的特点	
功率放大电路的分析方法	
功率放大电路的使用注意事项	
功率放大电路的典型应用	
功率放大电路提高效率的主要途径	
交越失真产生的原因及消除方法	
存在的问题及意见反馈	

第二部分　工作过程记录

　　每个学习小组根据任务表单进行分工合作，并制订工作计划，按要求填写表单 1-3-2 并做好记录。

表单 1-3-2

项目名称	音频功率放大器的分析与调试		任务名称		功率放大电路的分析与调试	
班级		组名		成员		
开始时间		计划完成时间			实际完成时间	
注意事项	（1）要按工艺要求装接电路，布局合理，走线美观； （2）电解电容、二极管、三极管的电极不能接错，以免损坏元器件； （3）电路装接好之后才可以接通电源，不能带电改装电路； （4）一定要避免出现通电情况下二极管支路的断开现象，以防功放管因过热而损坏					
小组讨论，分工合作及工作计划的结果						

1.3.1 功率放大电路测试准备

功率放大器测试电路如图 1.3.1 所示。

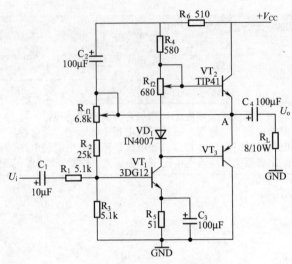

图 1.3.1　功率放大电路

参照图 1.3.1 填写表 1-3-1。

表 1-3-1

测 试 项 目	理论计算值	所需仪器仪表	备　注
静态工作点			
最大输出功率 P_{om} 和效率 η 的测试			
输入灵敏度测试			
噪声电压的测试			

1.3.2　静态工作点的测试

按图 1.3.1 接好电路后，电源侧接入直流毫安表，电位器 R_{f2} 置最小值，R_{f1} 置中间位置。接通+12V 电源，观察毫安表指示，同时用手触摸输出极管子，若电流过大，或管子温升显著，应立即断开电源检查原因（如 R_{f2} 开路，电路自激，或输出管性能不好等）。如无异常现象，可开始调试。

1. 调节输出端中点电位 U_A

调节电位器 R_{f1}，用数字直流电压表测量 A 点电位，使 $U_A = \frac{1}{2}V_{CC}$。

2. 调整输出极静态电流及测试各极静态工作点

使 $R_{f2}=0\Omega$，在输入端接入 f=1kHz 的正弦信号 u_i。逐渐加大输入信号的幅值，此时，输出波形应出现较严重的交越失真（注意：没有饱和截止失真），然后缓慢增大 R_{f2}，当交越失真刚好消失时，停止调节 R_{f2}，恢复 u_i=0V。此时，直流毫安表读数即为输出级静态电流。

输出级电流调好以后，测量各级静态工作点，记入表 1-3-2 中。

表 1-3-2 $I_{C2}=I_{C3}=$ mA $U_A=6V$

测试项目	VT$_1$	VT$_2$	VT$_3$
U_B（V）			
U_C（V）			
U_E（V）			

注意：

在调整 R_{f2} 时，一定要注意旋转方向，不要调得过大，更不能开路，以免损坏输出管。若散热器发烫，则应及时减小 R_{f2} 的阻值。

输出管静态电流调好，如无特殊情况，不得随意旋动 R_{f2} 的位置。

1.3.3　最大输出功率 P_{om} 和效率 η 的测试

1. 测量 P_{om}

输入端接 $f = 1kHz$ 的正弦信号 u_i，输出端用示波器观察输出电压 u_o 波形。逐渐增大 V_i，使输出电压达到最大不失真输出，用交流毫伏表测出负载 R_L 上的电压 U_{om}，则 $P_{om} = \dfrac{U_{om}^2}{R_L}$。

2. 测量效率 η

当输出电压为最大不失真输出时，读出数字直流毫安表中的电流值，此电流即为直流电源供给的平均电流 I_{dc}（有一定误差），由此可近似求得 $P_E=V_{CC}\times I_{dc}$，再根据上面测得的 P_{om}，则可求出 $\eta = \dfrac{P_{om}}{P_E}$。

1.3.4　输入灵敏度的测试

根据输入灵敏度的定义，只要测出输出功率 $P_o=P_{om}$ 时的输入电压值 U_i 即可。

1.3.5　研究自举电路的作用

（1）测量自举电路，且 $P_o = P_{omax}$ 时的电压增益 $A_u = \dfrac{U_{om}}{U_i}$。

（2）将 C_2 开路，R_6 短路（无自举），再测量 $P_o=P_{omax}$ 的 A_u。

用示波器观察（1）、（2）两种情况下的输出电压波形，并将以上两项测量结果进行比较，分析研究自举电路的作用。

1.3.6　噪声电压的测试

测量时将输入端短路（$u_i=0V$），观察输出噪声波形，并用交流毫伏表测量输出电压，即为噪声电压 U_N，本电路若 $U_N<15mV$，满足要求。

 **任务评价**

任务评价包括学生自评表、组内互评表、教师对个人评价表、教师对小组评价表，分别如表

单 1-3-3、表单 1-3-4、表单 1-3-5、表单 1-3-6 所示，任务三评价成绩汇总表如表单 1-3-7 所示。

表单 1-3-3

学生自评表				
评价人签名：		评价时间：		
评价项目	具体内容	分值标准	得分	备注
敬业精神	(1) 不迟到、不缺课，不早退； (2) 学习认真，责任心强； (3) 积极参与完成项目的各个步骤	10		
专业能力	能用万用表确定功率三极管的管脚和类型	10		
	仪器仪表和各种工具的使用熟练，操作正确	10		
	能正确对功率放大器静态工作点进行分析与测试	10		
	能按要求进行功率放大电路输出功率的测试，数据记录正确，能正确分析结果	10		
	能按要求记录功率放大电路的输入/输出波形，并能正确分析结果	10		
	能按工艺要求正确装接电路，布局合理，电路装接规范，走线美观	10		
方法能力	(1) 语言表达清晰，表达能力； (2) 信息、资料的收集整理能力； (3) 提出有效工作、学习方法的能力； (4) 组织实施能力	15		
社会能力	(1) 与人沟通能力； (2) 团队协作能力； (3) 互助能力； (4) 安全、环保、责任意识	15		
总分		100		

表单 1-3-4

组内互评表				
班级		组别		
小组成员				
小组长签名				
评价内容	评 分 标 准	分值	得分	备注
目标明确程度	工作目标明确，工作计划具体、结合实际，具有可操作性	10		
情感态度	工作态度端正，注意力集中，能使用网络资源进行相关资料的收集	15		

评价内容	评 分 标 准	分值	得分	备注
团队协作	积极与组内成员合作，共同完成工作任务	15		
专业能力要求	（1）能用万用表确定功率三极管的管脚和类型； （2）仪器仪表和各种工具的使用熟练，操作正确； （3）能正确对功率放大器静态工作点进行分析与测试； （4）能按要求进行功率放大电路输出功率的测试，数据记录正确，能正确分析结果； （5）能按要求记录功率放大电路的输入/输出波形，并能正确分析结果； （6）能按工艺要求正确装接电路，布局合理，电路装接规范，走线美观	60		
总分		100		

表单 1-3-5

教师对个人评价表				
责任教师		小组成员		教师签名
评价内容	分值	得分	备注	
目标认知程度	5			
情感态度	5			
团队协作	5			
资讯材料准备情况	5			
方案的制定	10			
方案的实施	45			
解决的实际问题	10			
安全操作、经济、环保	5			
技术文档分析	10			
总分	100			

表单 1-3-6

教师对小组评价表				
班级		组别		
责任教师		教师签名		
评价内容	分值	得分	备注	
基本知识和技能水平	15			
方案设计能力	15			
任务完成情况	20			

续表

评价内容	分值	得分	备注
团队合作能力	20		
工作态度	20		
任务完成情况演示	10		
总分	100		

表单 1-3-7

任务三成绩汇总表				
班级		组别		组员	
评价方式	学生自评	组内互评	教师对个人评价	教师对小组评价	任务三评价总分数
评价分数					
评价系数	10%	30%	30%	30%	
汇总分数					
责任教师、组长、个人签名					

任务四　音频功率放大器的分析与调试

第一部分　学习过程记录

小组成员根据音频功率放大器的组装与调试的学习目标，认真学习相关知识，并将学习过程的内容（要点）进行记录，同时也将学习中存在的问题和意见进行记录，填写表单 1-4-1。

表单 1-4-1

项目名称	音频功率放大器的分析与调试		任务名称	音频功率放大器的分析与调试	
班级		组名		组员	
开始时间		计划完成时间		实际完成时间	
音频功率放大器的组成与工作原理					
音频功率放大器的设计步骤					

续表

计算音频放大器输出极的功率和效率	
音频功率放大器的调试方法	
音频功率放大器的使用注意事项	
存在的问题及意见反馈	

第二部分　工作过程记录

每个学习小组根据任务表单进行分工合作，并制订工作计划，按要求填写表单 1-4-2 并做好记录。

表单 1-4-2

项目名称	音频功率放大器的分析与调试		任务名称		音频功率放大器的分析与调试	
班级		组名		成员		
开始时间		计划完成时间			实际完成时间	
注意事项	(1) 电路的组装，焊接要严格执行工艺规范； (2) 电容器、二极管的极性不能接错； (3) 电源的极性不能接错，以免造成电路不能工作； (4) 调节时的步骤要正确，调试条件尤其要满足要求					
小组讨论，分工合作及工作计划的结果						

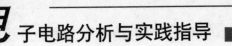
1.4.1 测试的准备

音频功率放大器的原理图如下图所示。

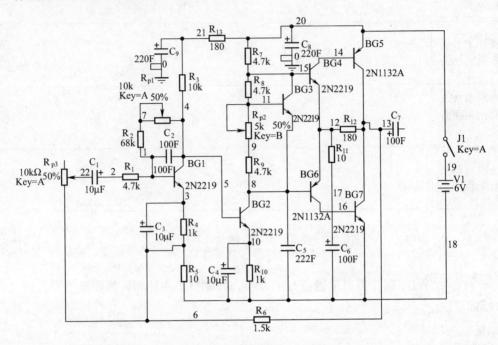

参照上图填写元器件的参数及功能，填写表 1-4-1 和表 1-4-2。

表 1-4-1

序号	名称	元器件代号	型号及参数	功能	备注
1					
2					
3					
4					
5					
6					

表 1-4-2

测 试 项 目	理论计算值	所需仪器仪表	备注
前置极静态工作点			
前置极放大电路的电压放大倍数			
功率放大极静态工作点			
输出功率			
总放大倍数			

1.4.2　识别与检测元器件

对所有的元器件进行识别和检测，若有元器件损坏，请及时更换。

1.4.3　前置极放大电路静态工作点的测试和调试

关闭音量控制开关，接通直流电源，用示波器观察 VT1 管集电极对地电压波形。输入端接入 1kHz 正弦信号，逐渐调大输入信号，当示波器上的波形出现单方向失真时，调节 R_{P1} 来消除。反复调节，直至前置放大极获得较大的动态范围。

移走信号发生器和示波器，用万用表直流电压挡测量三极管 VT1 各级对地电压 U_{B1}、U_{C1}、U_{E1}，计算 I_{B1}、I_{C1} 和 U_{CE1}，并记录数据且进行分析，填入表 1-4-3 中。

表 1-4-3

测　量　值				计　算　值		
U_B（V）	U_E（V）	U_C（V）	U_{BE}（V）	I_C（mA）	U_{CE}（V）	I_B（mA）

1.4.4　前置极放大电路电压放大倍数的测试

在放大器输入端加入频率为 1kHz 的正弦信号 u_i，调节函数信号发生器的输出旋钮使放大器输入电压 $u_i \approx 10\text{mV}$，同时用示波器观察放大器输出电压 u_o 的波形，在波形不失真的条件下用交流毫伏表测量下述三种情况下的 u_o 值，并用双踪示波器观察 u_o 和 u_i 的相位关系，记入表 1-4-4 中。

表 1-4-4

u_o（V）	A_u	观察记录一组 u_o 和 u_i 波形

1.4.5　功率放大极的调试

1. 静态工作点的测试

按图连接电路，电源进线中串入直流毫安表，电位器 R_{P2} 置最小值，R_{P1} 置中间位置。接通 +6V 电源，观察毫安表指示，同时用手触摸输出极管子，若电流过大，或管子升温显著，应立即断开电源检查原因（如 R_{P2} 开路，电路自激，或输出管性能不好等）。如无异常现象，可开始调试。

（1）调节输出端中点电位 U_A。

调节电位器 R_{P2}，用直流电压表测量 A 点电位，使 $U_A = 0.5U_{CC} = 3\text{V}$。

（2）调整输出极静态电流及测试各极静态工作点。

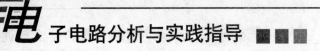

调整输出极静态电流方法是动态调试法。先使 $R_{P2}=0\Omega$，在输入端接入 $f=1kHz$ 的正弦信号 u_i，逐渐加大输入信号的幅度，此时，输出波形应出现较严重的交越失真（注意：没有饱和和截止失真）。然后缓慢调节（增大）R_{P2}，当交越失真刚好消失时，停止调节 R_{P2}，恢复 $u_i=0V$，此时直流毫安表读数即为输出极静态电流。一般数值也应为 $5\sim10mA$，如过大，则要检查电路。

输出极电流调好以后，测量各极静态工作点，记入表 1-4-5。

表 1-4-5

	复合管 1	复合管 2
U_B (V)		
U_C (V)		
U_E (V)		

☚ 注意：

在调整 R_{P2} 时，一是要注意旋转方向，不要调得过大，更不能开路，以免损坏输出管。输出管静态电流调好，如无特殊情况，不得随意旋动 R_{P2} 的位置。

2. 最大输出功率 P_{om} 和效率 η 的测试

（1）测量 P_{om}

输入端接 $f=1kHz$ 的正弦信号 u_i，输出端用示波器观察输出电压 u_o 波形。逐渐增大 u_i，使输出电压达到最大不失真输出，用交流毫伏表测出负载 R_L 上的电压 U_{om}，则 $P_{om}=\dfrac{U_{om}^2}{R_L}$。

（2）测量 η

当输出电压为最大不失真输出时，读出直流毫安表中的电流值，此电流即为直流电源供给的平均电流 I_{dc}（有一定误差），由此可近似求得 $P_E=U_{CC}\times I_{dc}$，再根据上面测得 P_{om}，即可求出 η。

3. 研究自举电路的作用

（1）测量自举电路，且 $P_o=P_{omax}$ 时的电压增益 $A_u=\dfrac{U_{om}}{u_i}$。

（2）将 C_3 开路，R_6 短路（无自举），再测量 $P_o=P_{omax}$ 的 A_u。

用示波器观察（1）、（2）两种情况下的电压波形，并将以上两项测量的结果进行比较，分析研究自举电路的作用，并填写表 1-4-6。

表 1-4-6

	输入/输出波形
无自举电路	u_i ↑ O → t　　u_o ↑ O → t

续表

输入/输出波形		
有自举电路	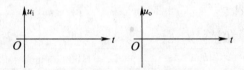	

通过比较得出自举电路的作用是＿＿＿＿＿＿＿＿＿＿＿＿＿＿＿＿＿＿＿＿＿。

1.4.6 系统联调

经过以上对各极放大电路的局部调试之后，可以逐步扩大到整个系统的联调。联调时：

令输入信号（前置级输入对地短路），测量输出的直流输出电压 $u_o=$＿＿＿＿＿。

输入 $f=1kHz$ 的正弦信号，改变幅值，用示波器观察输出电压波形的变化情况，记录输出电压最大不失真幅度所对应的输入电压的变化范围。

输入为一定值的正弦信号（在不失真范围内取值），调节输入信号的频率，用示波器观察输出的幅值变化情况，记录幅值下降到最大值的 0.707 倍之内的频率变化范围。

计算总的电压放大倍数 $A_u=$

1.4.7 试机

输入信号改为音频信号，输出端接试听音箱及示波器，接通电源试听，并观察语言和音乐信号的输出波形。设计并制表记录输出波形。

 任务评价

任务评价包括学生自评表、组内互评表、教师对个人评价表、教师对小组评价表，分别如表单 1-4-3、表单 1-4-4、表单 1-4-5、表单 1-4-6 所示，任务四评价成绩汇总如表单 1-4-7 所示。

表单 1-4-3

学生自评表				
评价人签名：		评价时间：		
评价项目	具体内容	分值标准	得分	备注
敬业精神	（1）不迟到、不缺课，不早退； （2）学习认真，责任心强； （3）积极参与完成项目的各个步骤	10		

续表

	评价内容	分值	得分	备注
专业能力	能用万用表正确识别和检测各个元器件	10		
	仪器仪表和各种工具的使用熟练,操作正确	10		
	能正确进行各级电路静态工作点的分析、调整与测试	10		
	能按要求进行输出功率的计算和测试,数据记录正确,能正确分析结果	10		
	能按要求记录音频放大器的输入/输出波形,并能正确分析结果	10		
	能按工艺要求正确装接电路,布局合理,电路装接规范,走线美观	10		
方法能力	(1) 语言表达清晰,表达能力; (2) 信息、资料的收集整理能力; (3) 提出有效工作、学习方法的能力; (4) 组织实施能力	15		
社会能力	(1) 与人沟通能力; (2) 团队协作能力; (3) 互助能力; (4) 安全、环保、责任意识	15		
总分		100		

表单 1-4-4

组内互评表				
班级		**组别**		
小组成员				
小组长签名				
评价内容	评分标准	分值	得分	备注
目标明确程度	工作目标明确,工作计划具体、结合实际,具有可操作性	10		
情感态度	工作态度端正,注意力集中,能使用网络资源进行相关资料的收集	15		
团队协作	积极与组内成员合作,共同完成工作任务	15		
专业能力要求	(1) 能用万用表正确识别和检测各个元器件; (2) 仪器仪表和各种工具的使用熟练,操作正确; (3) 能正确进行各极电路静态工作点的分析、调整与测试; (4) 能按要求进行输出功率的计算和测试,数据记录正确,能正确分析结果; (5) 能按要求记录音频放大器的输入/输出波形,并能正确分析结果; (6) 能按工艺要求正确装接电路,布局合理,电路装接规范,走线美观	60		
总分		100		

表单 1-4-5

教师对个人评价表				
责任教师		小组成员	教师签名	
评价内容	分值	得分	备注	
目标认知程度	5			
情感态度	5			
团队协作	5			
资讯材料准备情况	5			
方案的制定	10			
方案的实施	45			
解决的实际问题	10			
安全操作、经济、环保	5			
技术文档分析	10			
总分	100			

表单 1-4-6

教师对小组评价表				
班级		组别		
责任教师		教师签名		
评价内容	分值	得分	备注	
基本知识和技能水平	15			
方案设计能力	15			
任务完成情况	20			
团队合作能力	20			
工作态度	20			
任务完成情况演示	10			
总分	100			

表单 1-4-7

任务四成绩汇总表				
班级		组别	组员	
评价方式	学生自评	组内互评	教师对个人评价	教师对小组评价
评价分数				
评价系数	10%	30%	30%	30%
汇总分数				
责任教师、组长、个人签名				

表格最后一列为"任务四评价总分数"。

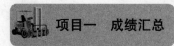 项目一　成绩汇总

项目一成绩汇总表					
班级		组别		组员	
评价方式	任务一	任务二	任务三	任务四	项目一评价总分数
评价分数					
评价系数	30%	20%	30%	20%	
汇总分数					
责任教师、组长、个人签名					

项目二　数字电路的分析与测试

随着数字电路技术的不断发展，数字化电子产品的应用越来越广泛，数字电子计算机、数字式仪表、数字控制装置和工业逻辑系统等方面都是以数字电路为基础的。数字电路的广泛应用和高度发展标志着现代电子技术的水准。由于数字电子产品具有性能稳定、灵敏度高、抗干扰能力强、使用方便等优点，广泛应用于冰箱、空调器、电视等家用电器中。利用数字集成电路设计制作的基于数码管显示的数字钟，其电路简单，硬件结构模块化，易于实现。

项目描述

学习目标	知识目标： (1) 数字电路基本元器件逻辑功能及其测试； (2) 译码显示电路的分析与测试； (3) 计数电路的分析与测试； (4) 校时电路的分析与测试； (5) 振荡电路的分析与测试； (6) 简单数字钟的组装与调试。 能力目标： (1) 能正确识别和使用常用的数字集成电路芯片； (2) 能正确地分析和测试常用数字集成电路芯片的逻辑功能； (3) 能正确地分析和测试脉冲产生、译码、校时、显示电路； (4) 能正确地制作数字钟电路； (5) 能正确地分析、测试数字钟电路； (6) 具有电子电路的故障分析和解决能力
项目任务	任务一：数字电路基本元器件的功能测试； 任务二：译码显示电路的分析与测试； 任务三：计数电路的分析与测试； 任务四：校时电路的分析与测试； 任务五：振荡电路的分析与测试； 任务六：数字钟电路的分析与调试
建议学时	48 学时

任务一　数字电路基本元器件的功能测试

第一部分　学习过程记录

小组成员根据数字电路基本元器件功能测试的学习目标，认真学习相关知识，并将学习

31

过程的内容（要点）进行记录，同时也将学习中存在的问题和意见进行记录，填写表单 2-1-1。

表单 2-1-1

项目名称	数字钟电路的分析与测试		任务名称		数字电路基本元器件的功能测试	
班级		组名		组员		
开始时间		计划完成时间		实际完成时间		
基本逻辑关系和复合逻辑关系						
逻辑代数的基本公式、定理						
逻辑函数的表示方法及其之间的相互转换						
逻辑函数的化简						
分立元器件基本逻辑门电路的组成和功能						
集成逻辑门管脚、逻辑功能和主要参数						
利用集成逻辑门实现逻辑函数、负载驱动						
存在的问题及反馈意见						

第二部分　工作过程记录

　　每个学习小组根据任务表单进行分工合作，并制订工作计划，按要求填写表单 2-1-2 并做好记录。

表单 2-1-2

项目名称	数字钟电路的分析与测试		任务名称	数字电路基本元器件的功能测试	
班级		组名		成员	
开始时间		计划完成时间		实际完成时间	
注意事项	（1）使用二极管和三极管时要检查其类型、好坏，并注意极性； （2）使用万用表时要注意挡位的选择和表笔的极性； （3）使用集成逻辑门时要注意方向、电源极性与电压大小、多余端处理、负载驱动等使用注意事项				
小组讨论，分工合作及工作计划的结果					

2.1.1　逻辑门电路的功能测试

（1）写出逻辑门电路功能测试的步骤，填写表 2-1-1。

表 2-1-1

序号	逻辑门电路功能测试的步骤
1	
2	
3	
4	
5	

（2）使用万用表测量图 2.1.1（学生手册）所示的分立元器件基本门电路在给定输入电位下的输出电位，并记录测量结果，填入表 2-1-2。

表 2-1-2

A/V	B/V	(a)	(b)	(c)
		Y/V	Y/V	Y（A）/V
0	0			
0	3			
3	0			
3	3			

（3）将图 2.1.1（学生手册）所示的分立元器件基本门电路测量结果用逻辑值表示，填入表 2-1-3，并分析、总结出逻辑关系。

表 2-1-3

A	B	(a)	(b)	(c)
		Y	Y	Y（A）

（4）使用万用表测量图 2.1.2（学生手册）所示的分立元器件复合门电路在给定输入电位下的输出电位，并记录测量结果，填入表 2-1-4（1）、表 2-1-4（2）。

表 2-1-4（1）

A/V	B/V	(a)	(b)
		Y/V	Y/V
0	0		
0	3		
3	0		
3	3		

表 2-1-4（2）

A/V	B/V	C/V	D/V	(c) Y/V	A/V	B/V	C/V	D/V	(c) Y/V
0	0	0	0		3	0	0	0	
0	0	0	3		3	0	0	3	
0	0	3	0		3	0	3	0	
0	0	3	3		3	0	3	3	
0	3	0	0		3	3	0	0	
0	3	0	3		3	3	0	3	
0	3	3	0		3	3	3	0	
0	3	3	3		3	3	3	3	

（5）将图 2.1.2（学生手册）所示的分立元器件复合门电路测量结果用逻辑值表示，填入表 2-1-5（1）、表 2-1-5（2），并分析、总结出逻辑关系。

表 2-1-5（1）

A　B	(a) Y	(b) Y

表 2-1-5（2）

A B C D	(c) Y	A B C D	(c) Y

2.1.2 集成逻辑门电路的功能测试

（1）查数字集成电路手册，查出给定的集成逻辑门如 74LS00、74LS20、74LS04、74LS02、74LS08、74LS32、74LS51、74LS86 等的管脚排列图、功能表和主要参数，并记录查找结果，填入表 2-1-6。

表 2-1-6

集成逻辑门	管脚排列图	功能表	主要参数
74LS00			
74LS20			
74LS04			
74LS02			
74LS08			
74LS32			
74LS51			
74LS86			

（2）设计集成逻辑门测试电路和测试数据表格，并利用所确定的仪器设备和电路元器件组成测试电路，将测试数据填入表中。

（3）将测试出的逻辑功能与查出的功能对比，若有出入，应分析原因并及时纠正。

（4）归纳总结测试数据，写出测试报告。

2.1.3 集成逻辑门应用电路的功能测试

（1）利用所需仪器设备、给定元器件（学生手册）构成如图 2.1.7、图 2.1.8、图 2.1.9 所示逻辑函数的电路，设计测试电路用的测试数据表格，用万用表和 0-1 显示器测试实现逻辑函数电路的功能，并将测试数据填入表格。

（2）用所需仪器设备、元器件构成门电路驱动负载（学生手册）如图 2.1.6 所示，设计测试电路用的测试数据表格，用万用表和 0-1 显示器测试门电路驱动负载电路，并将测试数据填入表格。

（3）分析、归纳、总结测试数据，写出工作报告。

2.1.4 整点报时电路功能测试

（1）根据给定的整点报时逻辑电路（学生手册）如图 2.1.3 所示，分析其电路组成，查数字集成电路手册，查出所用集成门电路的管脚排列图、功能表和主要参数。

（2）利用所确定的仪器设备和电路元器件组成整点报时电路，设计测试电路用的测试数据表格，用万用表和0-1显示器测量整点报时电路，并将测试数据填入表格。

（3）归纳、总结测试数据，掌握整点报时电路的工作原理，写出测试报告。

 **任务评价**

任务评价包括学生自评表、组内互评表、教师对个人评价表、教师对小组评价表，分别如表单 2-1-3、表单 2-1-4、表单 2-1-5、表单 2-1-6 所示，任务一评价成绩汇总表如表单 2-1-7 所示。

表单 2-1-3

学生自评表				
评价人签名：		评价时间：		
评价项目	具体内容	分值标准	得分	备注
敬业精神	（1）不迟到、不缺课，不早退； （2）学习认真，责任心强； （3）积极参与完成项目的各个步骤	10		
专业能力	熟练使用万用表测量给定的二极管和三极管电路的输出与输入电位，掌握基本逻辑关系和复合逻辑关系	10		
	熟悉逻辑代数的基本公式、定理，会运用逻辑代数的基本公式、定理进行一般的逻辑运算	10		
	熟悉逻辑函数的几种表示方法，会进行逻辑函数表示方法之间的相互转换	10		
	熟练使用万用表、数字电路实验箱测量给定的集成门逻辑元器件，正确测试其管脚和逻辑功能，掌握其主要参数	15		
	利用给定的集成逻辑门实现给定的逻辑函数、驱动负载，并熟练使用万用表和0-1显示器测试其功能	15		

续表

方法能力	(1) 语言表达清晰，表达能力； (2) 信息、资料的收集整理能力； (3) 提出有效工作、学习方法的能力； (4) 组织实施能力	15		
社会能力	(1) 与人沟通能力； (2) 团队协作能力； (3) 互助能力； (4) 安全、环保、责任意识	15		
总分		100		

表单 2-1-4

组内互评表				
班级		组别		
小组成员				
小组长签名				
评价内容	评 分 标 准	分值	得分	备注
目标明确程度	工作目标明确，工作计划具体、结合实际，具有可操作性	10		
情感态度	工作态度端正，注意力集中，能使用网络资源进行相关资料的收集	15		
团队协作	积极与组内成员合作，共同完成工作任务	15		
专业能力要求	(1) 熟练使用万用表测量给定的二极管和三极管电路的输出与输入电位，掌握基本逻辑关系和复合逻辑关系； (2) 熟悉逻辑代数的基本公式、定理，会运用逻辑代数的基本公式、定理进行一般的逻辑运算； (3) 熟悉逻辑函数的几种表示方法，会进行逻辑函数表示方法之间的相互转换； (4) 熟练使用万用表、数字电路实验箱测量给定的集成门逻辑元器件，正确测试其管脚和逻辑功能，掌握其主要参数； (5) 利用给定的集成逻辑门实现给定的逻辑函数、驱动负载，并熟练使用万用表和 0-1 显示器测试其功能	60		
总分		100		

表单 2-1-5

教师对个人评价表			
责任教师		小组成员	教师签名
评价内容	分值	得分	备注
目标认知程度	5		
情感态度	5		
团队协作	5		
资讯材料准备情况	5		
方案的制定	10		
方案的实施	45		
解决的实际问题	10		
安全操作、经济、环保	5		
技术文档分析	10		
总分	100		

表单 2-1-6

教师对小组评价表			
班级		组别	
责任教师		教师签名	
评价内容	分值	得分	备注
基本知识和技能水平	15		
方案设计能力	15		
任务完成情况	20		
团队合作能力	20		
工作态度	20		
任务完成情况演示	10		
总分	100		

表单 2-1-7

任务一成绩汇总表					
班级		组别		组员	
评价方式	学生自评	组内互评	教师对个人评价	教师对小组评价	任务一评价总分数
评价分数					
评价系数	10%	30%	30%	30%	
汇总分数					
责任教师、组长、个人签名					

任务二　译码显示电路的分析与测试

第一部分　学习过程记录

　　小组成员根据译码显示电路的分析与测试的学习目标，认真学习相关知识，并将学习过程的内容（要点）进行记录，同时也将学习中存在的问题和意见进行记录，填写表单 2-2-1。

表单 2-2-1

项目名称	数字钟电路的分析与测试		任务名称	译码显示电路的分析与测试	
班级		组名		组员	
开始时间		计划完成时间		实际完成时间	
集成译码器 74138 的管脚排列图					
集成译码器 74138 的逻辑功能					
集成译码器 74138 实现给定的逻辑函数					
用 7400、7420、7404 和数码显示电路实现 3-8 线译码显示电路					
集成显示译码器 7448 和数码显示电路的连接					
集成显示译码器 7448 和数码显示电路连接后的功能测试					
存在的问题及反馈意见					

第二部分　工作过程记录

每个学习小组根据任务表单进行分工合作，并制订工作计划，按要求填写表单 2-2-2 并做好记录。

表单 2-2-2

项目名称	数字钟电路的分析与测试		任务名称	译码显示电路的分析与测试	
班级		组名		成员	
开始时间		计划完成时间		实际完成时间	
注意事项	（1）使用万用表时要注意挡位的选择和表笔的极性； （2）使用集成译码器时要检查其类型，注意集成电路连接的方向，并注意多余管脚的处理				
小组讨论，分工合作及工作计划的结果					

2.2.1　集成译码器电路功能测试

（1）查数字集成电路手册，查询集成译码器 74LS138 的管脚排列图、功能表和主要参数，测试译码器逻辑的功能，并把结果填入表 2-2-1 中。

表 2-2-1

输 入						输 出							
G_1	G_{2A}	G_{2B}	A_2	A_1	A_0	Y_0	Y_1	Y_2	Y_3	Y_4	Y_5	Y_6	Y_7
×	1	×	×	×	×								
×	×	1	×	×	×								
0	×	×	×	×	×								
1	0	0	0	0	0								
1	0	0	0	0	1								
1	0	0	0	1	0								
1	0	0	0	1	1								
1	0	0	1	0	0								
1	0	0	1	0	1								
1	0	0	1	1	0								
1	0	0	1	1	1								

（2）用万用表和 0-1 显示器测试集成显示译码器 74LS48 和数码显示电路连接后的逻辑功能，并将测试数据填入表 2-2-2 中。

表 2-2-2

功能（输入）	输 入						输入/输出	输 出							显示字形
	LT	RBI	A_3	A_2	A_1	A_0	BI/RBO	a	b	c	d	e	f	g	
0	1	1	0	0	0	0	1								
1	1	×	0	0	0	1	1								
2	1	×	0	0	1	0	1								
3	1	×	0	0	1	1	1								
4	1	×	0	1	0	0	1								
5	1	×	0	1	0	1	1								
6	1	×	0	1	1	0	1								
7	1	×	0	1	1	1	1								
8	1	×	1	0	0	0	1								
9	1	×	1	0	0	1	1								
10	1	×	1	0	1	0	1								
11	1	×	1	0	1	1	1								
12	1	×	1	1	0	0	1								
13	1	×	1	1	0	1	1								
14	1	×	1	1	1	0	1								
15	1	×	1	1	1	1	1								
灭灯	×	×	×	×	×	×	0								
灭零	1	0	0	0	0	0	0								
试灯	0	×	×	×	×	×	1								

2.2.2　用集成译码器实现逻辑函数的功能测试

（1）某组合逻辑电路的真值表如表 2-2-3 所示，试用译码器和门电路实现该逻辑功能，用万用表和 0-1 显示器测试电路的逻辑功能。

表 2-2-3

输　入			输　出		
A	B	C	L	F	G
0	0	0	0	0	1
0	0	1	1	0	0
0	1	0	1	0	1
0	1	1	0	1	0
1	0	0	1	0	1
1	0	1	0	1	0
1	1	0	0	1	1
1	1	1	1	0	0

（2）将测试出的逻辑功能与给定功能进行对比，若有出入，分析原因，并及时纠正。

（3）归纳、总结测试数据，写出测试报告。

任务评价

任务评价包括学生自评表、组内互评表、教师对个人评价表、教师对小组评价表，分别如表单 2-2-3、表单 2-2-4、表单 2-2-5、表单 2-2-6 所示，任务二评价成绩汇总表如表单 2-2-7 所示。

表单 2-2-3

学生自评表				
评价人签名：		评价时间：		
评价项目	具体内容	分值标准	得分	备注
敬业精神	(1) 不迟到、不缺课，不早退； (2) 学习认真，责任心强； (3) 积极参与完成项目的各个步骤	10		
专业能力	会利用数字集成电路手册查找、了解集成译码器的管脚排列图、功能表和主要参数	10		
	了解集成译码器的种类、型号组成的符号及意义	5		
	会测试集成译码器各管脚的功能和逻辑功能	10		
	了解集成译码器各使能端的功能和使用注意事项	10		
	掌握利用集成译码器的使能端进行级联的方法	10		
	会应用集成译码实现逻辑函数，并会测试其功能	5		
	会应用集成显示译码器和数码显示管实现译码显示电路，并会测试其功能	5		
	能够正确分析、处理和总结测试数据	5		
方法能力	(1) 语言表达清晰，表达能力； (2) 信息、资料的收集整理能力； (3) 提出有效工作、学习方法的能力； (4) 组织实施能力	15		
社会能力	(1) 与人沟通能力； (2) 团队协作能力； (3) 互助能力； (4) 安全、环保、责任意识	15		
总分		100		

表单 2-2-4

组内互评表				
班级		组别		
小组成员				
小组长签名				
评价内容	评 分 标 准	分值	得分	备注
目标明确程度	工作目标明确，工作计划具体、结合实际，具有可操作性	10		

续表

评价内容	评 分 标 准	分值	得分	备注
情感态度	工作态度端正，注意力集中，能使用网络资源进行相关资料的收集	15		
团队协作	积极与组内成员合作，共同完成工作任务	15		
专业能力要求	(1) 会利用数字集成电路手册查找、了解集成译码器的管脚排列图、功能表和主要参数； (2) 了解集成译码器的种类、型号组成的符号及意义； (3) 会测试集成译码器各管脚的功能和逻辑功能； (4) 了解集成译码器各使能端的功能和使用注意事项； (5) 掌握利用集成译码器的使能端进行级联的方法； (6) 会应用集成译码实现逻辑函数，并会测试其功能； (7) 会应用集成显示译码器和集成数码显示管实现译码显示电路，并会测试其功能； (8) 能够正确分析、处理和总结测试数据	60		
总分		100		

表单 2-2-5

教师对个人评价表				
责任教师		小组成员		教师签名	
评价内容	分值	得分	备注	
目标认知程度	5			
情感态度	5			
团队协作	5			
资讯材料准备情况	5			
方案的制定	10			
方案的实施	45			
解决的实际问题	10			
安全操作、经济、环保	5			
技术文档分析	10			
总分	100			

表单 2-2-6

教师对小组评价表			
班级		组别	
责任教师		教师签名	
评价内容	分值	得分	备注
基本知识和技能水平	15		
方案设计能力	15		
任务完成情况	20		
团队合作能力	20		
工作态度	20		
任务完成情况演示	10		
总分	100		

表单 2-2-7

任务二成绩汇总表				
班级		组别		组员
评价方式	学生自评	组内互评	教师对个人评价	教师对小组评价
评价分数					任务二评价总分数
评价系数	10%	30%	30%	30%
汇总分数				
责任教师、组长、个人签名				

任务三 计数电路的分析与测试

第一部分 学习过程记录

小组成员根据计数电路的分析与测试的学习目标，认真学习相关知识，并将学习过程的内容（要点）进行记录，同时也将学习中存在的问题和意见进行记录，填写表单 2-3-1。

表单 2-3-1

项目名称	数字钟电路的分析与测试		任务名称	计数电路的分析与测试	
班级		组名		组员	
开始时间		计划完成时间		实际完成时间	
集成计数器 74161、74290 的管脚排列图					

续表

集成计数器 74161、7490 的逻辑功能	
集成计数器 74161、7490 实现 N 进制计数器电路	
集成计数器的扩展方法和使用注意事项	
集成计数器构成数字钟计数电路的工作原理	
存在的问题及反馈意见	

第二部分 工作过程记录

每个学习小组根据任务表单进行分工合作，并制订工作计划，按要求填写表单 2-3-2 并做好记录。

表单 2-3-2

项目名称	数字钟电路的分析与测试		任务名称		计数电路的分析与测试		
班级		组名		成员			
开始时间		计划完成时间				实际完成时间	
注意事项	(1) 使用集成计数器时要注意方向、电源极性与大小、管脚处理等使用； (2) 由多个集成计数器实现 N 进制计数器时要注意使能端的连接方法； (3) 同步电路和异步电路在连接上的差异						

续表

小组讨论，分工合作及工作计划的结果	

2.3.1 集成计数器电路功能测试

（1）查数字集成电路手册，查出集成计数器 74161 和 74290 的管脚排列图、功能表和主要参数，并记录查找结果。

（2）用万用表和 0-1 显示器测试集成计数器 74161 和 74290 的逻辑功能，并将测试数据分别填入表 2-3-1 和表 2-3-2。

表 2-3-1

清零	预置	使能		时钟	预置数据输入				输　　出				工作模式
R_D	L_D	EP	ET	CP	D_3	D_2	D_1	D_0	Q_3	Q_2	Q_1	Q_0	
0	×	×	×	×	×	×	×	×					
1	0	×	×	↑	d_3	d_2	d_1	d_0					
1	1	0	×	×	×	×	×	×					
1	1	×	0	×	×	×	×	×					
1	1	1	1	↑	×	×	×	×					

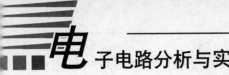

表 2-3-2

复 位 输 入		置 位 输 入		时 钟	输 出				工 作 模 式
$R_{0(1)}$	$R_{0(2)}$	$R_{9(1)}$	$R_{9(2)}$	CP	Q_3	Q_2	Q_1	Q_0	
1	1	0	×	×					
1	1	×	0	×					
×	×	1	1	×					
0	×	0	×	↓					
0	×	×	0	↓					
×	0	0	×	↓					
×	0	×	0	↓					

（3）将测试出的逻辑功能与查出的功能进行对比，若有出入，分析原因，并及时纠正。

2.3.2 利用集成计数器芯片设计二十四进制和六十进制计数器

（1）利用集成计数器芯片，设计二十四进制和六十进制计数器的电路，并测试电路功能。

（2）归纳、总结测试数据，写出测试报告。

任务评价

任务评价包括学生自评表、组内互评表、教师对个人评价表、教师对小组评价表，分别如表单 2-3-3、表单 2-3-4、表单 2-3-5、表单 2-3-6 所示，任务三评价成绩汇总表如表单 2-3-7 所示。

表单 2-3-3

学生自评表				
评价人签名：		评价时间：		
评价项目	具体内容	分值标准	得分	备注
敬业精神	(1) 不迟到、不缺课，不早退； (2) 学习认真，责任心强； (3) 积极参与完成项目的各个步骤	10		
专业能力	会查数字集成电路手册，查出集成计数器74161、74290的管脚排列图、功能表和主要参数	10		
	熟练使用万用表和 0-1 显示器测量集成计数器各管脚的功能	10		
	掌握集成计数器的工作原理	10		
	会利用集成二进制计数器 74161 和十进制计数器 74290 构成其他进制的计数器	10		
	熟练使用适当的仪器仪表测试集成计数器的功能	10		
	掌握时序逻辑电路的分析方法和分析步骤	10		
方法能力	(1) 语言表达清晰，表达能力； (2) 信息、资料的收集整理能力； (3) 提出有效工作、学习方法的能力； (4) 组织实施能力	15		
社会能力	(1) 与人沟通能力； (2) 团队协作能力； (3) 互助能力； (4) 安全、环保、责任意识	15		
总分		100		

表单 2-3-4

组内互评表				
班级		组别		
小组成员				
小组长签名				
评价内容	评 分 标 准	分值	得分	备注
目标明确程度	工作目标明确，工作计划具体、结合实际，具有可操作性	10		
情感态度	工作态度端正，注意力集中，能使用网络资源进行相关资料的收集	15		
团队协作	积极与组内成员合作，共同完成工作任务	15		

续表

评价内容	评 分 标 准	分值	得分	备注
专业能力要求	(1) 会查数字集成电路手册，查出集成计数器的74161、74290管脚排列图、功能表和主要参数； (2) 熟练使用万用表和0-1显示器测量集成计数器各74161、74290管脚的功能； (3) 掌握集成计数器的工作原理； (4) 会利用集成二进制计数器74161和十进制计数器74290构成其他进制的计数器； (5) 熟练使用适当的仪器仪表测试集成计数器的功能； (6) 掌握时序逻辑电路的分析方法和分析步骤	60		
总分		100		

表单 2-3-5

教师对个人评价表				
责任教师		小组成员	教师签名	
评价内容	分值	得分	备注	
目标认知程度	5			
情感态度	5			
团队协作	5			
资讯材料准备情况	5			
方案的制定	10			
方案的实施	45			
解决的实际问题	10			
安全操作、经济、环保	5			
技术文档分析	10			
总分	100			

表单 3-3-6

教师对小组评价表				
班级		组别		
责任教师		教师签名		
评价内容	分值	得分	备注	
基本知识和技能水平	15			
方案设计能力	15			

续表

评价内容	分值	得分	备注
任务完成情况	20		
团队合作能力	20		
工作态度	20		
任务完成情况演示	10		
总分	100		

表单 3-3-7

任务三成绩汇总表				
班级		组别		组员
评价方式	学生自评	组内互评	教师对个人评价	教师对小组评价
评价分数				
评价系数	10%	30%	30%	30%
汇总分数				
责任教师、组长、个人签名				

（组员列最右侧合并单元格内容：任务三评价总分数）

任务四 校时电路的分析与测试

第一部分 学习过程记录

小组成员根据校时电路的分析与测试的学习目标，认真学习相关知识，并将学习过程的内容（要点）进行记录，同时也将学习中存在的问题和意见进行记录，填写表单 2-4-1。

表单 2-4-1

项目名称	数字钟电路的分析与测试		任务名称	校时电路的分析与测试	
班级		组名		组员	
开始时间		计划完成时间		实际完成时间	
集成触发器 74279、7474、74112 管脚的排列图					
集成触发器 74279、7474、74112 的逻辑功能					

续表

集成触发器功能的转换	
校时电路的功能测试	
集成触发器的应用方法和使用注意事项	
校时电路的工作原理	
存在的问题及反馈意见	

第二部分　工作过程记录

　　每个学习小组根据任务表单进行分工合作，并制订工作计划，按要求填写表单 2-4-2 并做好记录。

表单 2-4-2

项目名称	数字钟电路的分析与测试		任务名称		校时电路的分析与测试	
班级		组名		成员		
开始时间		计划完成时间			实际完成时间	
注意事项	（1）使用万用表时要注意挡位的选择和表笔的极性； （2）使用集成触发器时要注意方向、电源极性与大小、多余端处理、置 0 端和置 1 端管脚的处理等使用事项					

小组讨论，分工合作及工作计划的结果	

2.4.1 触发器电路的功能测试

（1）查数字集成电路手册，查出集成触发器74279、7474、74112的管脚排列图、功能表和主要参数，并记录查找结果。

（2）用万用表和0-1显示器测试集成RS触发器74279、JK触发器74112、D触发器7474的逻辑功能，并将测试数据分别填入表2-4-1、表2-4-2和表2-4-3。

表2-4-1

R	S	Q^n	Q^{n+1}	功能说明
0	0			
0	0			
0	1			
0	1			
1	0			
1	0			
1	1			
1	1			

表 2-4-2

J	K	Q^n	Q^{n+1}	功能说明
0	0			
0	0			
0	1			
0	1			
1	0			
1	0			
1	1			
1	1			

表 2-4-3

D	Q^n	Q^{n+1}	功能说明
0			
0			
1			
1			

2.4.2　集成触发器功能转换的测试

（1）设计将 JK 触发器转换成 D 触发器、RS 触发器、T 触发器、T'触发器的逻辑电路图，用万用表和 0-1 显示器测试集成触发器功能转换后的逻辑功能。

（2）归纳、总结测试数据，写出测试报告。

2.4.3　集成触发器实现校时电路的功能测试

（1）设计集成触发器实现校时功能电路，用万用表和 0-1 显示器测试校时电路的逻辑功能，并将测试数据填入表格。

（2）将测试出的逻辑功能与实际功能进行对比，若有出入，分析原因，并及时纠正。

（3）归纳、总结测试数据，写出测试报告。

任务评价

　　任务评价包括学生自评表、组内互评表、教师对个人评价表、教师对小组评价表，分别如表单 2-4-3、表单 2-4-4、表单 2-4-5、表单 2-4-6 所示，任务四评价成绩汇总表如表单 2-4-7 所示。

表单 2-4-3

学生自评表				
评价人签名：		评价时间：		
评价项目	具体内容	分值标准	得分	备注
敬业精神	（1）不迟到、不缺课，不早退； （2）学习认真，责任心强； （3）积极参与完成项目的各个步骤	10		
专业能力	会利用数字集成电路手册查找、了解集成触发器的管脚排列图、功能表和主要参数	10		
	了解集成触发器的种类、型号组成的符号及意义	5		
	会测试集成触发器 74279、7474、74112 各管脚的功能和逻辑功能	15		
	了解集成触发器 74279、7474、74112 各使能端的功能和使用注意事项	5		
	掌握利用 JK 触发器转换成 D 触发器、RS 触发器、T 触发器、T'触发器的方法	10		
	会应用集成触发器实现校时电路的方法，并会测试其功能	10		
	能够正确分析、处理和总结测试数据	5		

续表

方法能力	(1) 语言表达清晰，表达能力； (2) 信息、资料的收集整理能力； (3) 提出有效工作、学习方法能力； (4) 组织实施能力	15		
社会能力	(1) 与人沟通能力； (2) 团队协作能力； (3) 互助能力； (4) 安全、环保、责任意识	15		
总分		100		

表单 2-4-4

组内互评表					
班级			组别		
小组成员					
小组长签名					
评价内容	评 分 标 准	分值	得分	备注	
目标明确程度	工作目标明确，工作计划具体、结合实际，具有可操作性	10			
情感态度	工作态度端正，注意力集中，能使用网络资源进行相关资料的收集	15			
团队协作	积极与组内成员合作，共同完成工作任务	15			
专业能力要求	(1) 会查数字集成电路手册，查出集成触发器 74279、7474、74112 的管脚排列图、功能表和主要参数； (2) 掌握集成触发器 74279、7474、74112 的逻辑功能及其检测方法，熟悉集成触发器的各管脚的功能； (3) 掌握基本 RS 触发器、JK 触发器、D 触发器的工作原理； (4) 了解集成触发器 74279、7474、74112 各使能端的功能和使用注意事项； (5) 掌握不同类型触发器的相互转换，会分析触发器的输出波形； (6) 掌握校时电路的工作原理； (7) 利用集成触发器实现校时电路，并测试校时电路的功能； (8) 能够正确分析、处理和总结测试数据	60			
总分		100			

表单 2-4-5

教师对个人评价表				
责任教师		小组成员		教师签名	
评价内容	分值	得分	备注	
目标认知程度	5			
情感态度	5			
团队协作	5			
资讯材料准备情况	5			
方案的制定	10			
方案的实施	45			
解决的实际问题	10			
安全操作、经济、环保	5			
技术文档分析	10			
总分	100			

表单 2-4-6

教师对小组评价表			
班级		组别	
责任教师		教师签名	
评价内容	分值	得分	备注
基本知识和技能水平	15		
方案设计能力	15		
任务完成情况	20		
团队合作能力	20		
工作态度	20		
任务完成情况演示	10		
总分	100		

表单 2-4-7

任务四成绩汇总表					
班级		组别		组员	
评价方式	学生自评	组内互评	教师对个人评价	教师对小组评价	任务四评价总分数
评价分数					
评价系数	10%	30%	30%	30%	
汇总分数					
责任教师、组长、个人签名					

任务五　振荡电路的分析与测试

第一部分　学习过程记录

　　小组成员根据振荡电路的分析与测试的学习目标，认真学习相关知识，并将学习过程的内容（要点）进行记录，同时也将学习中存在的问题和意见进行记录，填写表单 2-5-1。

表单 2-5-1

项目名称	数字钟电路的分析与测试		任务名称	振荡电路的分析与测试	
班级		组名		组员	
开始时间		计划完成时间		实际完成时间	
555 集成定时器元器件的管脚、主要参数和逻辑功能					
用 555 集成定时器构成多谐振荡器及其工作原理					
用 555 集成定时器构成单稳态触发器及其工作原理					
用 555 集成定时器构成施密特触发器及其工作原理					
存在的问题及反馈意见					

第二部分　工作过程记录

　　每个学习小组根据任务表单进行分工合作，并制订工作计划，按要求填写表单 2-5-2 并做好记录。

表单 2-5-2

项目名称	数字钟电路的分析与测试	任务名称		振荡电路的分析与测试	
班级		组名		成员	
开始时间		计划完成时间		实际完成时间	
注意事项	（1）使用 555 集成定时器时要注意方向、电源极性与大小等使用事项； （2）实现多谐振荡器、单稳态触发器、施密特触发器时要正确合理选择阻容元器件，需加输入信号时要注意信号的大小、持续时间等问题				
小组讨论，分工合作及工作计划的结果					

2.5.1 555集成定时器的功能测试

（1）查数字集成电路手册，查出给定的 555 集成定时器的管脚排列图、功能表和主要参数。

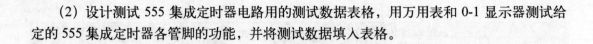

（2）设计测试 555 集成定时器电路用的测试数据表格，用万用表和 0-1 显示器测试给定的 555 集成定时器各管脚的功能，并将测试数据填入表格。

（3）将测试出的管脚的功能与查出的管脚功能进行对比，若有出入，分析原因，并及时纠正。

2.5.2　555集成定时器应用电路的功能测试

（1）参考学生手册中如图 2.5.2 所示的电路，设计振荡频率 f=1000Hz 的多谐振荡器，用示波器观察多谐振荡器的 u_c 和 u_o 波形；设计测试多谐振荡器用的测试数据表格，并将测试数据填入表格。

（2）参考学生手册中如图 2.5.4 所示的电路设计单稳态触发器，用示波器观察单稳态触发器的 u_i、u_c 和 u_o 波形；设计测试单稳态触发器用的测试数据表格，并将测试数据填入表格。

（3）参考学生手册中如图 2.5.6 所示的电路设计施密特触发器，用示波器观察施密特触发器的 u_i、u_o 波形；设计测试施密特触发器用的测试数据表格，并将测试数据填入表格。

 任务评价

任务评价包括学生自评表、组内互评表、教师对个人评价表、教师对小组评价表，分别如表单 2-5-3、表单 2-5-4、表单 2-5-5、表单 2-5-6 所示，任务五评价成绩汇总表如表单 2-5-7 所示。

表单 2-5-3

学生自评表				
评价人签名：		评价时间：		
评价项目	具体内容	分值标准	得分	备注
敬业精神	(1) 不迟到、不缺课，不早退； (2) 学习认真，责任心强； (3) 积极参与完成项目的各个步骤	10		
专业能力	熟练使用万用表、数字电路实验箱测量 555 集成定时器元器件，正确测试其管脚、主要参数和逻辑功能	15		
	实现多谐振荡器，并熟练使用万用表和 0-1 显示器测试其功能，掌握其工作原理	15		
	实现单稳态触发器，并熟练使用万用表和 0-1 显示器测试其功能，掌握其工作原理	15		
	实现施密特触发器，并熟练使用万用表和 0-1 显示器测试其功能，掌握其工作原理	15		
方法能力	(1) 语言表达清晰，表达能力； (2) 信息、资料的收集整理能力； (3) 提出有效工作、学习方法能力； (4) 组织实施能力	15		
社会能力	(1) 与人沟通能力； (2) 团队协作能力； (3) 互助能力； (4) 安全、环保、责任意识	15		
总分		100		

表单 2-5-4

组内互评表				
班级		组别		
小组成员				
小组长签名				
评价内容	评 分 标 准	分值	得分	备注
目标明确程度	工作目标明确，工作计划具体、结合实际，具有可操作性	10		

续表

评价内容	评 分 标 准	分值	得分	备注
情感态度	工作态度端正，注意力集中，能使用网络资源进行相关资料的收集	15		
团队协作	积极与组内成员合作，共同完成工作任务	15		
专业能力要求	（1）了解 555 集成定时器的各管脚排列、逻辑功能、主要参数及其检测和识别方法； （2）理解、掌握多谐振荡器的工作原理，并实现电路，测试其功能； （3）理解、掌握单稳态触发器的工作原理，并实现电路，测试其功能； （4）理解、掌握施密特触发器的工作原理，并实现电路，测试其功能	60		
总分		100		

表单 2-5-5

教师对个人评价表				
责任教师		小组成员	教师签名	
评价内容	分值	得分	备注	
目标认知程度	5			
情感态度	5			
团队协作	5			
资讯材料准备情况	5			
方案的制定	10			
方案的实施	45			
解决的实际问题	10			
安全操作、经济、环保	5			
技术文档分析	10			
总分	100			

表单 2-5-6

教师对小组评价表			
班级		组别	
责任教师		教师签名	
评价内容	分值	得分	备注
基本知识和技能水平	15		
方案设计能力	15		

续表

评价内容	分值	得分	备注
任务完成情况	20		
团队合作能力	20		
工作态度	20		
任务完成情况演示	10		
总分	100		

表单 2-5-7

任务五成绩汇总表					
班级		组别		组员	
评价方式	学生自评	组内互评	教师对个人评价	教师对小组评价	任务五评价总分数
评价分数					
评价系数	10%	30%	30%	30%	
汇总分数					
责任教师、组长、个人签名					

任务六 数字钟电路的分析与调试

第一部分 学习过程记录

小组成员根据数字钟电路的分析与调试的学习目标，认真学习相关知识，并将学习过程的内容（要点）进行记录，同时也将学习中存在的问题和意见进行记录，填写表单 2-6-1。

表单 2-6-1

项目名称	数字电路的分析与测试		任务名称	数字钟电路的分析与测试	
班级		组名		组员	
开始时间		计划完成时间		实际完成时间	
数字钟电路的工作原理					
报时电路、译码显示电路、校时电路、计数电路、振荡电路的工作原理					

续表

数字钟电路的技术指标	
数字钟电路的调试步骤	
存在的问题及反馈意见	

第二部分　工作过程记录

　　每个学习小组根据任务表单进行分工合作，并制订工作计划，按要求填写表单 2-6-2 并做好记录。

表单 2-6-2

项目名称	数字钟电路的分析与测试		任务名称		数字钟电路的分析与调试	
班级		组名		成员		
开始时间		计划完成时间			实际完成时间	
注意事项	(1) 在实施过程中要正确使用电源； (2) 集成电路使用的注意事项					
小组讨论，分工合作及工作计划的结果						

（1）根据已有的单元电路（振荡器、计数器、译码与显示器、校时电路、整点报时电路）组装数字钟电路。

（2）设计测试电路用的测试数据表格，熟练使用仪器仪表对数字钟电路的功能进行调试，并将测试数据填入表格。

（3）归纳、总结测试数据，掌握数字钟电路的工作原理，写出工作报告。

 任务评价

任务评价包括学生自评表、组内互评表、教师对个人评价表、教师对小组评价表，分别如表单 2-6-3、表单 2-6-4、表单 2-6-5、表单 2-6-6 所示，任务六评价成绩汇总表如表单 2-6-7 所示。

表单 2-6-3

学生自评表				
评价人签名：		评价时间：		
评价项目	具体内容	分值标准	得分	备注
敬业精神	（1）不迟到、不缺课，不早退； （2）学习认真，责任心强； （3）积极参与完成项目的各个步骤	10		

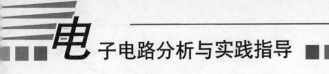

子电路分析与实践指导 ■■■■

续表

专业能力	掌握整点报时电路、译码显示电路、校时电路、计数电路、振荡电路的工作原理	15		
	能够实现数字钟电路，掌握其工作原理	15		
	熟悉数字钟电路的技术指标和电路调试方法	15		
	熟练使用万用表和 0-1 显示器调试其功能以符合技术指标	15		
方法能力	(1) 语言表达清晰，表达能力； (2) 信息、资料的收集整理能力； (3) 提出有效工作、学习方法能力； (4) 组织实施能力	15		
社会能力	(1) 与人沟通能力； (2) 团队协作能力； (3) 互助能力； (4) 安全、环保、责任意识	15		
总分		100		

表单 2-6-4

组内互评表				
班级			组别	
小组成员				
小组长签名				
评价内容	评分标准	分值	得分	备注
目标明确程度	工作目标明确，工作计划具体、结合实际，具有可操作性	10		
情感态度	工作态度端正，注意力集中，能使用网络资源进行相关资料的收集	15		
团队协作	积极与组内成员合作，共同完成工作任务	15		
专业能力要求	(1) 掌握整点报时电路、译码显示电路、校时电路、计数电路、振荡电路的工作原理； (2) 能够实现数字钟电路，掌握其工作原理； (3) 熟悉数字钟电路的技术指标和电路调试方法； (4) 熟练使用万用表和 0-1 显示器调试其功能以符合技术指标	60		
总分		100		

表单 2-6-5

教师对个人评价表					
责任教师		小组成员		教师签名	
评价内容	分值	得分	备注		
目标认知程度	5				
情感态度	5				
团队协作	5				
资讯材料准备情况	5				
方案的制定	10				
方案的实施	45				
解决的实际问题	10				
安全操作、经济、环保	5				
技术文档分析	10				
总分	100				

表单 2-6-6

教师对小组评价表			
班级		组别	
责任教师		教师签名	
评价内容	分值	得分	备注
基本知识和技能水平	15		
方案设计能力	15		
任务完成情况	20		
团队合作能力	20		
工作态度	20		
任务完成情况演示	10		
总分	100		

表单 2-6-7

任务六成绩汇总表					
班级		组别		组员	
评价方式	学生自评	组内互评	教师对个人评价	教师对小组评价	任务六 评价总分数
评价分数					
评价系数	10%	30%	30%	30%	
汇总分数					
责任教师、组长、个人签名					

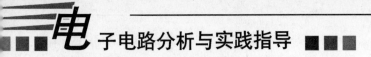

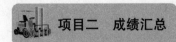 项目二 成绩汇总

项目二成绩汇总表						
班级		组别		组员		
评价方式	任务一	任务二	任务三	任务四	任务五	任务六	项目二评价总分数
评价分数							
评价系数	20%	20%	20%	20%	10%	10%	
汇总分数							
责任教师、组长、个人签名							

项目三　简易数字温度计电路的分析与调试

本项目要求学生在收集数字温度计相关资料的基础上，能够正确分析和调试由集成运算放大器组成的温度测量调理电路、A/D 转换和数码管显示电路、直流稳压电路。

项目描述

学习目标	知识目标： （1）学会常用直流稳压电源电路的分析和调试； （2）集成运算放大器的概念、组成和性能指标； （3）常用的集成运放信号电路的分析与测试； （4）温度传感器的分类和特性； （5）温度测量电路中的信号调试电路的分析和调试； （6）A/D 转换和数码管显示电路的分析。 能力目标： （1）正确识别和使用常用的集成运算放大器芯片； （2）能正确分析和测试集成运算放大器信号调试电路； （3）能正确分析、计算、调试温度测量电路； （4）能正确分析和调试 A/D 转换和数码管显示电路； （5）能正确分析和制作直流稳压电源； （6）电子电路的故障分析和解决能力
项目任务	任务一：直流稳压电路的分析与调试； 任务二：温度测量电路的分析与调试； 任务三：A/D 转换和数字显示电路的分析与调试
建议学时	28 学时

任务一　直流稳压电路的分析与调试

第一部分　学习过程记录

小组成员根据直流稳压电源电路的分析与调试的学习目标，认真学习相关知识，并将学习过程的内容（要点）进行记录，同时也将学习中存在的问题和意见进行记录，填写表单 3-1-1。

表单 3-1-1

项目名称	简易数字温度计电路的分析与调试	任务名称		直流稳压电路的分析与调试	
班级		组名		组员	
开始时间		计划完成时间		实际完成时间	
直流稳压电源的组成和性能指标					
单相整流电路的构成和工作原理					
滤波电路的原理和应用					
稳压二极管的特性和参数					
串联稳压电路的组成和工作原理					
存在的问题及反馈意见					

第二部分 工作过程记录

每个学习小组根据任务表单进行分工合作，并制订工作计划，按要求填写表单 3-1-2 并做好记录。

表单 3-1-2

项目名称	简易数字温度计电路的分析与调试	任务名称		直流稳压电路的分析与调试	
班级		组名		成员	
开始时间		计划完成时间		实际完成时间	
注意事项	（1）正确区分各种二极管管脚的分布； （2）测试时注意输入电压为 220V； （3）焊接过程中注意安全				

续表

小组讨论，分工合作及工作计划的结果	

3.1.1　二极管的识别与检测

（1）查阅资料，识别二极管的型号，填写表 3-1-1。

表 3-1-1

型　　号	第一部分	第二部分	第三部分	第四部分
2AP9				
2CZ12				
1N4001				

（2）用万用表测试以下型号的二极管，将测量结果记录于表 3-1-2 中。

表 3-1-2

项　目　类　型		$R \times 1\text{k}\Omega$		$R \times 100\Omega$		质　量　判　别	
		正向	反向	正向	反向	好	坏
二极管的测量	2AP9						
	2CZ12						
	1N4001						

3.1.2 计算元器件参数

分析和计算下图所示的串联稳压电路，结果填到表 3-1-3 中。

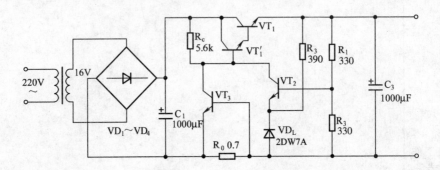

表 3-1-3

项 目	元器件参数	使用的仪器	备 注
单相整流电路			
滤波电路			
稳压电路			
过流保护电路			

3.1.3 调试与测试

调试和测试串联稳压电路，把测试数据填入表 3-1-4 中。

（1）测试整流电路。

（2）测试滤波电路。

（3）测试稳压电路性能指标，计算电源的稳压系数和电源内阻。

表 3-1-4

输入电压	整流电路	滤波电路	$R_L=0\Omega$	$R_L=24\Omega$	电源内阻
200V					
220V					
240V					

 任务评价

项目评价包括学生自评表、组内互评表、教师对个人评价表、教师对小组评价表，分别如表单 3-1-3、表单 3-1-4、表单 3-1-5、表单 3-1-6 所示，任务一评价成绩汇总表如表单 3-1-7 所示。

表单 3-1-3

学生自评表				
评价人签名：		评价时间：		
评价项目	具体内容	分值标准	得分	备注
敬业精神	(1) 不迟到、不缺课，不早退； (2) 学习认真，责任心强； (3) 积极参与完成项目的各个步骤	10		
专业能力	能正确分析、测试整流电路	10		
	能正确分析、选用滤波电路	10		
	能对直流稳压电源电路进行分析和调试	10		
	能对电路中的故障现象进行分析判断并加以解决	10		
	能按工艺要求制作直流稳压电源，并能通过调试得到正确结果	10		
	熟悉焊接技术	10		
方法能力	(1) 语言表达能力； (2) 信息、资料的收集整理能力； (3) 提出有效工作、学习方法能力； (4) 组织实施能力	15		
社会能力	(1) 与人沟通能力； (2) 团队协作能力； (3) 互助能力； (4) 安全、环保、责任意识	15		
总分		100		

表单 3-1-4

组内互评表				
班级		组别		
小组成员				
小组长签名				
评价内容	评 分 标 准	分值	得分	备注
目标明确程度	工作目标明确，工作计划具体、结合实际，具有可操作性	10		

续表

评价内容	评 分 标 准	分值	得分	备注
情感态度	工作态度端正，注意力集中，能使用网络资源进行相关资料的收集	15		
团队协作	积极与组内成员合作，共同完成工作任务	15		
专业能力要求	(1) 能正确分析、测试整流电路； (2) 能正确分析、选用滤波电路； (3) 能对直流稳压电路进行分析和调试； (4) 能对电路中的故障现象进行分析判断并加以解决； (5) 能按工艺要求制作直流稳压电路，并能通过调试得到正确结果	60		
总分		100		

表单 3-1-5

教师对个人评价表				
责任教师		小组成员	教师签名	
评价内容	分值	得分	备注	
目标认知程度	5			
情感态度	5			
团队协作	5			
资讯材料准备情况	5			
方案的制定	10			
方案的实施	45			
解决的实际问题	10			
安全操作、经济、环保	5			
技术文档分析	10			
总分	100			

表单 3-1-6

教师对小组评价表			
班级		组别	
责任教师		教师签名	
评价内容	分值	得分	备注
基本知识和技能水平	15		
方案设计能力	15		

续表

评价内容	分值	得分	备注
任务完成情况	20		
团队合作能力	20		
工作态度	20		
任务完成情况演示	10		
总分	100		

表单 3-1-7

任务一成绩汇总表					
班级			组别		组员
评价方式	学生自评	组内互评	教师对个人评价	教师对小组评价	任务一评价总分数
评价分数					
评价系数	10%	30%	30%	30%	
汇总分数					
责任教师、组长、个人签名					

任务二　温度测量电路的分析与调试

第一部分　学习过程记录

　　小组成员根据温度测量电路的分析与调试的学习目标，认真学习相关知识，并将学习过程的内容（要点）进行记录，同时也将学习中存在的问题和意见进行记录，填写表单 3-2-1。

表单 3-2-1

项目名称	简易数字温度计电路的分析与调试		任务名称	温度测量电路的分析与调试	
班级		组名		组员	
开始时间		计划完成时间		实际完成时间	
集成电路内部结构图					
集成运算放大器的电路符号和电压传输特性					

续表

集成运算放大器的性能指标	
集成运算放大器的电源供给方式	
集成运算放大器的使用注意事项	
集成运算放大器的典型应用	
温度传感器的特性	
常用的温度传感器	
AD592 温度测量调试电路的分析	
存在的问题及反馈意见	

第二部分　工作过程记录

　　每个学习小组根据任务表单进行分工合作，并制订工作计划，按要求填写表单 3-2-2 并做好记录。

表单 3-2-2

项目名称	简易数字温度计电路的分析与调试		任务名称		温度测量电路的分析与调试	
班级		组名		成员		
开始时间		计划完成时间			实际完成时间	
注意事项	（1）使用集成运算放大器时，应区分各个管脚的功能、使用注意事项； （2）注意正确区分温度传感器的正、负极和电源电压的范围； （3）避免交流干扰信号的影响，在直流放大电路的反馈电阻上并联电容，注意电容大小的选择； （4）为了保护后级，测温电路的输出应加限幅电路					
小组讨论，分工合作及工作计划的结果						

3.2.1 集成电路测试仪的使用

（1）集成电路测试仪的使用步骤。

①

②

③

④

（2）用万用表测试集成运放 LM741 和 LM324 管脚是否有短路和断路现象。

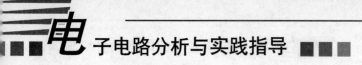

子电路分析与实践指导

（3）用集成电路测试仪测试集成运放 LM741 和 LM324，判断其好坏。

3.2.2 集成运算放大器信号调理电路的测试

1. 电压放大电路的测试

（1）参考学习手册中电压放大部分电路图，填写表 3-2-1。

表 3-2-1

项　　目	元器件参数	电压放大倍数（计算值）	使用的仪器和元器件	备　注
反相放大电路				
同相放大电路				
电压跟随电路				
差分放大电路				

（2）分别给放大电路加 100mV 的正弦信号，利用毫伏表或示波器测量输出电压，记录实验数据并进行数据分析，填写表 3-2-2。

表 3-2-2

项　　目	输入电压 U_i（V）	输出电压 U_o（V）	电压放大倍数（测量值）	电压放大倍数（计算值）
反相放大电路				
同相放大电路				
电压跟随电路				
差分放大电路				
数据分析				

2. 信号的运算电路的测试

（1）参考学习手册中信号运算部分电路图，填写表 3-2-3。

off

80

表 3-2-3

项　　目	元器件参数	输出电压和输入电压的关系	使用的仪器和元器件	备　　注
反相加法运算电路				
同相加法运算电路				
加减法运算放大器电路				
积分运算电路				
微分运算电路				

（2）分别确定和记录反相加法运算电路、同相加法运算电路和加减法运算电路的输入电压，利用万用表或示波器测量输出电压，记录实验数据并进行误差分析，填写表 3-2-4。

表 3-2-4

项　　目	输入电压 U_i (V)	输出电压 U_o (V)（测量值）	输出电压 U_o (V)（计算值）	误差及原因
反相加法运算电路				
同相加法运算电路				
加减法运算电路				

（3）积分运算电路的输入端加阶跃信号，用示波器观察输入、输出波形并记录实验数据。

（4）积分运算电路的输入端加正弦波信号，用示波器观察输入、输出波形并记录实验数据。

（5）微分运算电路的输入端加方波信号，用示波器观察输入、输出波形并记录实验数据。填写表 3-2-5。

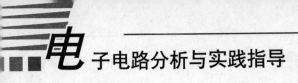

表 3-2-5

项　目	输入电压类型	输入电压波形	输出电压波形	备　注
积分运算电路	阶跃信号			
	正弦信号			
微分运算电路	方波信号			
数据分析				

3．有源滤波电路的测试

（1）参考学习手册中有源滤波电路图，填写表 3-2-6。

表 3-2-6

项　目	元器件参数	截止频率和通带放大倍数（计算值）	使用的仪器和元器件	备　注
高通滤波电路				
低通滤波电路				

（2）滤波电路的输入端加 5V、1kHz 正弦信号，改变输入信号的频率，用毫伏表或示波器观察输出电压，测量并记录通带放大倍数 A_u 和截止频率 f_P（截止频率为幅值下降 0.707 倍的频率），填写表 3-2-7。

表 3-2-7

项　目	电路特征参数（测量值）	电路特征参数（计算值）	误　差
高通滤波电路	$f_P=$	$f_P=$	
	$A_u=$	$A_u=$	
低通滤波电路	$f_P=$	$f_P=$	
	$A_u=$	$A_u=$	

3.2.3　温度测量电路的分析与调试

（1）AD592 温度传感器特性、电流-电压转换电路、补偿和平移电路的分析。

（2）温度测量电路的类型、元器件参数的计算、元件的选择和测试。填写表 3-2-8。

表 3-2-8

项　目	选 择 类 型	元器件参数	备　注
温度传感器			
转换电路			
调理电路			
限幅电路			

（3）温度测量调理电路的调试和测试。

① 电路进行标定（即调零和调满度）。

　　调　零：设置 $t=0℃$，调整 VR1 阻值，使得输出电压 $V_o=0V$；

　　调满度：设置 $t=100℃$，调整 VR2 阻值，使得输出电压 $V_o=5V$。

② 调节温度，用万用表测量输出电压，记录实验数据并进行误差分析，填写表 3-2-9。

表 3-2-9

项　目	输出电压 V_o（V）（测量值）	输出电压 V_o（V）（计算值）	误差及原因
$t=25℃$			
$t=50℃$			
$t=75℃$			

任务评价

任务评价包括学生自评表、组内互评表、教师对个人评价表、教师对小组评价表，分别如表单 3-2-3、表单 3-2-4、表单 3-2-5、表单 3-2-6 所示，任务二评价成绩汇总如表单 3-2-7 所示。

表单 3-2-3

学生自评表				
评价人签名：		评价时间：		
评价项目	具体内容	分值标准	得分	备注
敬业精神	（1）不迟到、不缺课，不早退； （2）学习认真，责任心强； （3）积极参与完成项目的各个步骤	10		
专业能力	能正确识别和使用常用的集成运算放大器芯片	5		
	了解集成运算放大放大器的组成、结构和性能指标	10		
	能正确分析和测试集成运算放大器组成的信号调试电路	10		
	能正确识别和使用常用的温度传感器	5		

续表

专业能力	了解温度传感器的分类和它们的特性	10		
	会分析温度测量电路中的转换、补偿、放大和平移电路	10		
	掌握温度测量电路的测试和调试的方法	10		
方法能力	(1) 语言表达能力； (2) 信息、资料的收集整理能力； (3) 提出有效工作、学习方法能力； (4) 组织实施能力	15		
社会能力	(1) 与人沟通能力； (2) 团队协作能力； (3) 互助能力； (4) 安全、环保、责任意识	15		
总分		100		

表单 3-2-4

组内互评表				
班级		组别		
小组成员				
小组长签名				
评价内容	评 分 标 准	分值	得分	备注
目标明确程度	工作目标明确，工作计划具体、结合实际，具有可操作性	10		
情感态度	工作态度端正，注意力集中，能使用网络资源进行相关资料的收集	15		
团队协作	积极与组内成员合作，共同完成工作任务	15		
专业能力要求	(1) 正确识别和使用常用的集成运算放大器芯片； (2) 了解集成运算放大放大器的组成、结构和性能指标； (3) 能正确分析和测试集成运算放大器组成的信号调试电路； (4) 能正确识别和使用常用的温度传感器； (5) 了解温度传感器的分类和它们的特性； (6) 能正确分析温度测量电路中的转换、补偿、放大和平移电路； (7) 能正确制作温度测量电路； (8) 掌握温度测量电路的测试和调试的方法	60		
总分		100		

表单 3-2-5

教师对个人评价表			
责任教师		小组成员	教师签名
评价内容	分值	得分	备注
目标认知程度	5		
情感态度	5		
团队协作	5		
资讯材料准备情况	5		
方案的制定	10		
方案的实施	45		
解决的实际问题	10		
安全操作、经济、环保	5		
技术文档分析	10		
总分	100		

表单 3-2-6

教师对小组评价表			
班级		组别	
责任教师		教师签名	
评价内容	分值	得分	备注
基本知识和技能水平	15		
方案设计能力	15		
任务完成情况	20		
团队合作能力	20		
工作态度	20		
任务完成情况演示	10		
总分	100		

表单 3-2-7

任务二成绩汇总表					
班级		组别		组员	
评价方式	学生自评	组内互评	教师对个人评价	教师对小组评价	任务二评价总分数
评价分数					
评价系数	10%	30%	30%	30%	
汇总分数					
责任教师、组长、个人签名					

任务三 A/D 转换和显示电路的分析与调试

第一部分 学习过程记录

小组成员根据 A/D 转换和显示电路的分析与调试的学习目标，认真学习相关知识，并将学习过程的内容（要点）进行记录，同时也将学习中存在的问题和意见进行记录，填写表单 3-3-1。

表单 3-3-1

项目名称	简易数字温度计电路的分析与调试		任务名称		A/D 转换和显示电路的分析与调试	
班级		组名			组员	
开始时间		计划完成时间			实际完成时间	
A/D 转换器及其作用						
A/D 转换器的基本原理						
采样-保持电路的工作原理						
量化和编码电路的工作原理						
A/D 转换器的主要技术指标和技术参数						

续表

ICL7107 的基本特点	
ICL7107 的引脚排列及功能	
ICL7107 功能指标的测试及元器件的选择	
ICL7107 模数转换和显示电路的分析	
存在的问题及反馈意见	

第二部分 工作过程记录

每个学习小组根据任务表单进行分工合作，并制订工作计划，按要求填写表单 3-3-2 并做好记录。

表单 3-3-2

项目名称	简易数字温度计电路的分析与调试		任务名称	A/D 转换和显示电路的分析与调试	
班级		组名		成员	
开始时间		计划完成时间		实际完成时间	
注意事项	（1）在测试接线前，先检查导线的好坏，为了便于区别，最好用不同颜色的导线区分电源线和地线； （2）在测试电路前，先判断 ICL7107 的管脚排列； （3）正确选择外围元器件； （4）要注意器件的电源电压范围，避免加过高的电压烧坏集成元器件				

小组讨论,分工合作及工作计划的结果	

3.3.1 ICL7107测试电路

（1）用万用表测试集成运放 ICL7107 管脚是否有短路和断路现象；

（2）参考学生手册中的图 3.3.8 接好测试电路，并对 ICL7107 进行功能测试填写表 3-3-1。

表 3-3-1

参　数	测　试　条　件	结 果 记 录	备　注
零输入读值	$V_{IN}=0.0V$，流量程=100mV		
比例值读数	$V_{IN}=V_{REF}$，$V_{REF}=50mV$		
极性转换误差	$-V_{IN}=+V_{IN}=100mV$ 当输入分别为两个极性相反、数值相等且接近满量程的电压时读数值的差异		
线性度	满量程=100mV 在直线间的最大偏差		
共模抑制比	$V_{CM}=1V$，$V_{IN}=0V$，满量程=100mV		
噪声	$V_{CM}=0V$，满量程=100mV （峰－峰间数值，不超过 95%的时间）		

续表

参　　数	测 试 条 件	结果记录	备　　注
输入端漏电流	V_{IN}=0V		
零读值漂移	V_{IN}=0V，0～70℃		
量程温度系数	V_{IN}=99mV，0～70℃ （外部参考源 0ppm/℃）		
正电源端电流	V_{IN}=0V（不包括 LED 输出电流）		
负电源端电流	仅指 ICL7107		
公共端模拟公共电压	公共端与正电源间接 25kΩ （相对于正电源）		
模拟公共端温度系数	公共端与正电源间接 25kΩ （相对于正电源）		
字 符 段 陷 电 流 （19、20 脚除外）	V_+=5V，字符段电压=3V		
19 脚陷电流			
20 脚陷电流			

3.3.2　ICL7107外围元器件的选择

（1）参考学生手册中的图 3.3.11 和任务学习引导，计算 ICL7107 外围元器件的参数。

（2）选择元器件并测试，将测试结果填入表 3-3-2。

表 3-3-2

参　　数	计 算 结 果	选 择 类 型	备　　注
振荡器频率			
振荡周期			
积分时钟频率			
积分周期			
60/50Hz 工频抑制原则			
最佳积分电流			
满量程模拟输入电压			
积分电阻			
积分电容			
积分器输出电压摆幅			
积分电压 V_{INT} 最大摆幅			
显示数字			
转换周期			

参　　数	计　算　结　果	选　择　类　型	备　　注
共模输入电压			
自动校零电容			
参考电容			
公共端电压 V_{COM}			
$V_{COM} \approx V_+ -2.8V$			
ICL7107 的供电：双电源 $\pm 5.0V$			
ICL7107 显示：LED			

3.3.3　数字显示调试电路

（1）参考学生手册中的图 3.3.10 接好数字显示电路并测试电路。

（2）测试电路，将测试结果填入表 3-3-3，正常显示画"√"，错误显示画"×"。

表 3-3-3

项目	显示 0	显示 1	显示 2	显示 3	显示 4	显示 5	显示 6	显示 7	显示 8	显示 9
LED1										
LED2										
LED3										
LED4										
Dp.										

3.3.4　温度显示电路的分析与调试

（1）参考学生手册中的图 3.3.11 接好温度显示电路。

（2）调节 R_2，使基准电压为 50mV。

（3）测试电路，将结果填入表 3-3-4。

表 3-3-4

输入电压（V）	LED 理论读数（℃）	LED 实际读数（℃）	误差及原因
5	100		
4.5	90		
4	80		
3.5	70		
3	60		
2.5	50		
2	40		

续表

输入电压（V）	LED 理论读数（℃）	LED 实际读数（℃）	误差及原因
1.5	30		
1	20		
0.5	10		
0	0		

 任务评价

任务评价包括学生自评表、组内互评表、教师对个人评价表、教师对小组评价表，分别如表单 3-3-3、表单 3-3-4、表单 3-3-5、表单 3-3-6 所示，任务三评价成绩汇总表如表单 3-3-7 所示。

表单 3-3-3

学生自评表				
评价人签名：		评价时间：		
评价项目	具体内容	分值标准	得分	备注
敬业精神	（1）不迟到、不缺课，不早退； （2）学习认真，责任心强； （3）积极参与完成项目的各个步骤	10		
专业能力	正确连接 ICL7107，并进行性能测试	10		
	正确连接 LED，并进行性能测试	10		
	正确进行温度校准	10		
	正确计算 ICL7107 的外围参数	10		
	正确画出系统电路图，并进行性能测试	10		
	进行电路自查，调整电路，满足系统要求	10		
方法能力	（1）语言表达清晰，表达能力； （2）信息、资料的收集整理能力； （3）提出有效工作、学习方法能力； （4）组织实施能力	15		
社会能力	（1）与人沟通能力； （2）团队协作能力； （3）互助能力； （4）安全、环保、责任意识	15		
总分		100		

表单 3-3-4

组内互评表				
班级		组别		
小组成员				
小组长签名				
评价内容	评 分 标 准	分值	得分	备注
目标明确程度	工作目标明确，工作计划具体、结合实际，具有可操作性	10		
情感态度	工作态度端正，注意力集中，能使用网络资源进行相关资料的收集	15		
团队协作	积极与组内成员合作，共同完成工作任务	15		
专业能力要求	（1）正确连接 ICL7107，并进行性能测试； （2）正确连接 LED，并进行性能测试； （3）正确进行温度校准； （4）正确计算 ICL7107 的外围参数； （5）正确画出系统电路图，并进行性能测试； （6）进行电路自查，调整电路，满足系统要求	60		
总分		100		

表单 3-3-5

教师对个人评价表				
责任教师		小组成员	教师签名	
评价内容	分值	得分	备注	
目标认知程度	5			
情感态度	5			
团队协作	5			
资讯材料准备情况	5			
方案的制定	10			
方案的实施	45			
解决的实际问题	10			
安全操作、经济、环保	5			
技术文档分析	10			
总分	100			

表单 3-3-6

教师对小组评价表			
班级		组别	
责任教师		教师签名	
评价内容	分值	得分	备注
基本知识和技能水平	15		
方案设计能力	15		
任务完成情况	20		
团队合作能力	20		
工作态度	20		
任务完成情况演示	10		
总分	100		

表单 3-3-7

任务三成绩汇总表				
班级		组别		组员
评价方式	学生自评	组内互评	教师对个人评价	教师对小组评价
评价分数				
评价系数	10%	30%	30%	30%
汇总分数				
责任教师、组长、个人签名				

（表单 3-3-7 右侧含「任务三评价总分数」合并列）

项目三　成绩汇总

项目三成绩汇总表				
班级		组别	组员	
评价方式	任务一		任务二	任务三
评价分数				
评价系数	25%		50%	25%
汇总分数				
责任教师、组长、个人签名				

（右侧含「项目三评价总分数」合并列）

项目四　调幅收音机的组装与调试

本项目要求学生在收集收音机相关资料的基础上，通过了解收音机整机各部分电路的组成和基本原理，完成一个调幅收音机各部分组成电路的制作与测试，最后完成整个调幅收音机整机的组装与调试。

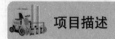 **项目描述**

学习目标	知识目标： （1）了解无线电信号的传输知识； （2）了解变频器电路的组成与工作原理； （3）了解调谐放大器电路的组成与工作原理； （4）了解检波器电路的组成与工作原理； （5）掌握收音机电路的组成； （6）学会基本元器件的检测方法； （7）学会正确的焊接方法与技术。 能力目标： （1）能用万用表正确识别与检测元器件； （2）能够正确使用常用仪器仪表； （3）能根据电路图和工艺要求完成各部分电路的组装与焊接； （4）能正确完成收音机整机的组装与电路测试； （5）能分析与解决电路的一般故障问题
项目任务	任务一：变频器电路的制作与测试； 任务二：调谐放大器电路的制作与测试； 任务三：检波器电路的制作与测试； 任务四：调幅收音机整机的组装与测试
建议学时	28 学时

任务一　变频器电路的制作与测试

第一部分　学习过程记录

小组成员根据变频器电路的制作与测试的学习目标，认真学习相关知识，并将学习过程的内容（要点）进行记录，同时也将学习中存在的问题和意见进行记录，填写表单 4-1-1。

表单 4-1-1

项目名称	调幅收音机的组装与调试		任务名称	变频器电路的制作与测试	
班级		组名		组员	
开始时间		计划完成时间		实际完成时间	
无线电波段的划分					
无线电波的传播方式					
天线输入电路的种类与适用范围					
变频器的组成和工作原理					
磁棒的放置特点和调节方法					
变频器电路中的两个信号频率关系					
存在的问题及反馈意见					

第二部分 工作过程记录

　　每个学习小组根据任务表单进行分工合作，并制订工作计划，按要求填写表单 4-1-2 并做好记录。

表单 4-1-2

项目	调幅收音机的组装与调试		任务名称	变频器电路的制作与测试	
班级		组名		成员	
开始时间		计划完成时间		实际完成时间	
注意事项	（1）晶体管极性要判别准确，电源电压要在 1.3V 左右； （2）分立元器件引脚不要剪断，连接导线线头剪成 45°，导线剥头长度约为 6mm，再弯成 90°，全部插入孔中，以确保接触可靠； （3）连接导线走线横平竖直，贴近面包板，尽量不重叠、不跨越； （4）电路装接时 VT$_1$、VT$_2$、VT$_3$ 的位置可以在面包板上一字排开，外壳保证良好接地，尽量减少干扰对测量的影响				
小组讨论，分工合作及工作计划的结果					

4.1.1　用万用表检测晶体管的极性与质量

（1）用万用表判别晶体管极性的方法：

（2）用万用表判别晶体管质量好坏的步骤：

4.1.2　静态工作点的测试

参考学生手册中的图 4.1.10，测量晶体管 VT$_2$ 三个管脚对地直流电压，填入表 4-1-1。

表 4-1-1

静态工作点测试数据			
项目	基极	集电极	发射极
对地电压			

由此可判断三极管工作状态为：

4.1.3　变频器输出信号的测量

调节双联可变电容器，用示波器测量变频器输出信号，并记录测量结果。

4.1.4　电路的组装与焊接

将装配电路所需的元器件信息填入表 4-1-2。

表 4-1-2

序号	元器件	数量	元器件参数	外形	备注

任务评价

任务评价包括学生自评表、组内互评表、教师对个人评价表、教师对小组评价表，分别如表单 4-1-3、表单 4-1-4、表单 4-1-5、表单 4-1-6 所示，任务一评价成绩汇总表如表单 4-1-7 所示。

表单 4-1-3

学生自评表				
评价人签名：		评价时间：		
评价项目	具体内容	分值标准	得分	备注
敬业精神	(1) 不迟到、不缺课，不早退； (2) 学习认真，责任心强； (3) 积极参与完成项目的各个步骤	10		

续表

专业能力	了解无线电信号传输的基本知识	10		
	理解变频器电路的组成与工作原理	10		
	对元器件进行正确的检测和判别	10		
	能正确使用工具,按工艺要求对电路进行组装和焊接,并保证装接质量	10		
	熟练使用常用仪器仪表对电路进行测量	10		
	能对电路故障进行一定的分析和处理	10		
方法能力	(1) 语言表达能力; (2) 信息、资料的收集整理能力; (3) 提出有效工作、学习方法能力; (4) 组织实施能力	15		
社会能力	(1) 与人沟通能力; (2) 团队协作能力; (3) 互助能力; (4) 安全、环保、责任意识	15		
总分		100		

表单 4-1-4

组内互评表				
班级		组别		
小组成员				
小组长签名				
评价内容	评 分 标 准	分值	得分	备注
目标明确程度	工作目标明确,工作计划具体、结合实际,具有可操作性	10		
情感态度	工作态度端正,注意力集中,能使用网络资源进行相关资料的收集	15		
团队协作	积极与组内成员合作,共同完成工作任务	15		
专业能力要求	(1) 了解无线电信号传输的基本知识; (2) 理解变频器电路的组成与工作原理; (3) 对元器件进行正确的检测和判别; (4) 能正确使用工具,按工艺要求对电路进行组装和焊接,并保证装接质量; (5) 熟练使用常用仪器仪表对电路进行测量; (6) 能对电路故障进行一定的分析和处理	60		
总分		100		

表单 4-1-5

教师对个人评价表				
责任教师		小组成员		教师签名
评价内容	分值	得分	备注	
目标认知程度	5			
情感态度	5			
团队协作	5			
资讯材料准备情况	5			
方案的制定	10			
方案的实施	45			
解决的问题	10			
安全操作、经济、环保	5			
技术文档分析	10			
总分	100			

表单 4-1-6

教师对小组评价表			
班级		组别	
责任教师		教师签名	
评价内容	分值	得分	备注
基本知识和技能水平	15		
方案设计能力	15		
任务完成情况	20		
团队合作能力	20		
工作态度	20		
任务完成情况演示	10		
总分	100		

表单 4-1-7

任务一成绩汇总表					
班级		组别		组员	
评价方式	学生自评	组内互评	教师对个人评价	教师对小组评价	任务一评价总分数
评价分数					
评价系数	10%	30%	30%	30%	
汇总分数					
责任教师、组长、个人签名					

任务二　调谐放大器电路的制作与测试

第一部分　学习过程记录

　　小组成员根据调谐放大器电路的制作与测试的学习目标，认真学习相关知识，并将学习过程的内容（要点）进行记录，同时也将学习中存在的问题和意见进行记录，填写表单 4-2-1。

表单 4-2-1

项目名称	调幅收音机的组装与调试		任务名称		调谐放大器电路的制作与测试	
班级		组名			组员	
开始时间		计划完成时间			实际完成时间	
调谐放大器的组成						
调谐放大器的主要性能指标						
提高调谐放大器稳定性的措施						
中周磁芯的调节方法						
调谐回路中线圈的特点						
存在的问题及反馈意见						

第二部分　工作过程记录

　　每个学习小组根据任务表单进行分工合作，并制订工作计划，按要求填写表单 4-2-2

并做好记录。

表单 4-2-2

项目名称	调幅收音机的组装与调试		任务名称	调谐放大器电路的制作与测试	
班级		组名		成员	
开始时间		计划完成时间		实际完成时间	
注意事项	（1）晶体管极性要判别准确，电路装接按工艺要求进行； （2）调节中周磁芯上下位置时，不要引入感应信号； （3）中周原边绕阻的三端不能接错				
小组讨论，分工合作及工作计划的结果					

4.2.1 电路的组装与焊接

（1）写出元器件在电路插装时的次序所应遵循的原则：

（2）写出元器件五步法焊接的方法要领和注意事项：

（3）写出合格焊点的检验标准及焊接缺陷的常用判断方法：

（4）将装配电路所需的元器件信息填入表 4-2-1。

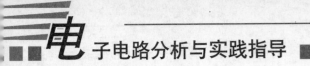
表 4-2-1

序号	元器件	数量	元器件参数	外形	备注

4.2.2　电路的调整与测试

1. 静态工作点的调整

测量三极管对地静态电压 V_b、V_c，计算 U_{be} 和 U_{ce}，填入表 4-2-2。

表 4-2-2

U_e (V)	U_b (V)	U_c (V)	U_{be} (V)	U_{ce} (V)	I_c (V)
0.47					

2. 中周的调整

输入端接入 f=465kHz、U_i=5mV 的正弦信号，用毫伏表测量 U_o 的值为_____，用示波器观察并绘制 U_o 波形。

图 4.2.1　U_o 的输出波形

用无感螺丝刀调整中周磁芯上下的位置，直到 U_o 最大且无波形明显失真，此时调谐回路谐振。

3. 性能指标（A_u、BW）的测试

输入端接入 f=465kHz、U_i=5mV 的正弦信号，用示波器观察 R_3 接入前后的 U_o 波形，

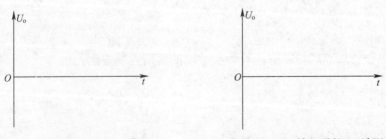

图 4.2.2　R_3 接入前的 U_o 波形　　　图 4.2.3　R_3 接入后的 U_o 波形

记录观察现象为 _____。

用毫伏表测量 R_3 接入前后的 U_o，计算 $A_u=U_o/U_i$；将 R_3 接入前后的电路上下限频率 f_H、f_L 和通频带 BW，填入表4-2-3。

表4-2-3

测 试 条 件	f=465kHz		$0.707A_u$	f_L	f_H	BW
	U_o	U_i				
接 R_3 电阻						
不接 R_3 电阻						

4. 用点频法测绘幅频特性曲线

将测量数据填入表4-2-4，根据测量数据按如图4.2.4所示绘制幅频特性曲线。

表4-2-4

f (kHz)	430	440	450	455	460	465	470	475	480	485	490	500
U_o												
A_u												

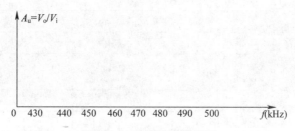

图4.2.4　幅频特性曲线图

任务评价

任务评价包括学生自评表、组内互评表、教师对个人评价表、教师对小组评价表，分别如表单4-2-3、表单4-2-4、表单4-2-5、表单4-2-6所示，任务二评价成绩汇总表如表单4-2-7所示。

表单4-2-3

学生自评表				
评价人签名：		评价时间：		
评价项目	具体内容	分值标准	得分	备注
敬业精神	(1) 不迟到、不缺课，不早退； (2) 学习认真，责任心强； (3) 积极参与完成项目的各个步骤	10		

续表

专业能力	了解调谐放大器的组成与工作原理	10		
	了解谐振频率的决定参数和调节方法	10		
	能正确的检测和判别元器件	10		
	能正确使用工具，按工艺要求对电路进行组装和焊接，并保证装接质量	10		
	熟练使用常用仪器仪表对电路进行测量	10		
	能对电路故障进行一定的分析和处理	10		
方法能力	(1) 语言表达能力； (2) 信息、资料的收集整理能力； (3) 提出有效工作、学习方法能力； (4) 组织实施能力	15		
社会能力	(1) 与人沟通能力； (2) 团队协作能力； (3) 互助能力； (4) 安全、环保、责任意识	15		
总分		100		

表单 4-2-4

组内互评表				
班级		组别		
小组成员				
小组长签名				
评价内容	评 分 标 准	分值	得分	备注
目标明确程度	工作目标明确，工作计划具体、结合实际，具有可操作性	10		
情感态度	工作态度端正，注意力集中，能使用网络资源进行相关资料的收集	15		
团队协作	积极与组内成员合作，共同完成工作任务	15		
专业能力要求	(1) 了解调谐放大器的组成与工作原理； (2) 了解谐振频率的决定参数和调节方法； (3) 能正确检测和判别元器件； (4) 能正确使用工具，按工艺要求对电路进行组装和焊接，并保证装接质量； (5) 熟练使用常用仪器仪表对电路进行测量； (6) 能对电路故障进行一定的分析和处理	60		
总分		100		

表单 4-2-5

教师对个人评价表					
责任教师		小组成员		教师签名	
评价内容	分值	得分	备注		
目标认知程度	5				
情感态度	5				
团队协作	5				
资讯材料准备情况	5				
方案的制定	10				
方案的实施	45				
解决的问题	10				
安全操作、经济、环保	5				
技术文档分析	10				
总分	100				

表单 4-2-6

教师对小组评价表				
班级		组别		
责任教师		教师签名		
评价内容	分值	得分	备注	
基本知识和技能水平	15			
方案设计能力	15			
任务完成情况	20			
团队合作能力	20			
工作态度	20			
任务完成情况演示	10			
总分	100			

表单 4-2-7

任务二成绩汇总表					
班级		组别		组员	
评价方式	学生自评	组内互评	教师对个人评价	教师对小组评价	任务二评价总分数
评价分数					
评价系数	10%	30%	30%	30%	
汇总分数					
责任教师、组长、个人签名					

任务三　检波器电路的制作与测试

　　小组成员根据检波器电路的制作与测试的学习目标，认真学习相关知识，并将学习过程的内容（要点）进行记录，同时也将学习中存在的问题和意见进行记录，填写表单 4-3-1。

表单 4-3-1

项目名称	调幅收音机的组装与调试		任务名称		检波器电路的制作与测试	
班级		组名			组员	
开始时间		计划完成时间			实际完成时间	
解调方式及各自对应的调制方式						
二极管包络检波器对输入信号的要求						
二极管大信号包络检波器的组成与工作过程						
输入端短路，不输入调制信号，电路输出波形的特点						
检波器电路中 R_9、C_9 的作用						
耦合电容 C_1、C_8 和 C_5 的特点						
存在的问题及反馈意见						

第二部分　工作过程记录

　　每个学习小组根据任务表单进行分工合作，并制订工作计划，按要求填写表单 4-3-2 并做好记录。

表单 4-3-2

项目	调幅收音机的组装与调试		任务名称	检波器电路的制作与测试	
班级		组名		成员	
开始时间		计划完成时间		实际完成时间	
注意事项	（1）电路装接要按工艺规范进行； （2）电路装接完成之后，才可以通电测试； （3）电解电容 C_1、C_8 极性不能接错，以免造成击穿				
小组讨论，分工合作及工作计划的结果					

4.3.1　电路的组装与焊接

（1）写出电路装接时须注意的问题：

（2）将装配电路所需的元器件信息填入表 4-3-1。

表 4-3-1

序号	元器件	数量	元器件参数	外形	备注

4.3.2　电路的调整与测试

（1）静态工作点的测试数据填入表 4-3-2。

表 4-3-2

U_b	U_c	U_e	U_{beQ}	U_{ceQ}	I_{cQ}

若有异常数据，说明电路存在的故障，进行故障排除并说明如下：

故障现象及排除过程：

（2）高频正弦波振荡器的波形测试。

用示波器观测 A 点对地电压波形，并绘制在图 4.3.1 中。若 U_a 无波形，说明电路不能高频振荡，对调 Tr 原边绕阻两端即可。

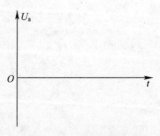

图 4.3.1　高频振荡波形

（3）调制信号与调幅信号波形的测试。

在电路的输入端接入 $U_{ip-p}=1V$、$f=1kHz$ 的正弦调制信号，用示波器观察 U_i 和 U_a 波形，并在图 4.3.2 和图 4.3.3 中描绘。

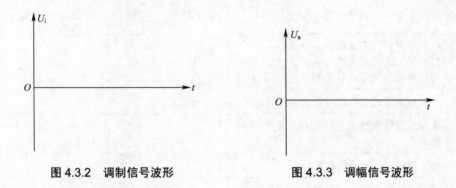

图 4.3.2　调制信号波形　　　　　　图 4.3.3　调幅信号波形

（4）检波器的波形测试。

连接 A、B 两点，用示波器观测电容 C_6、C_7 的端电压 U_{c6}、U_{c7} 以及电路输出 U_o 波形，在图 4.3.4～图 4.3.6 中描绘。

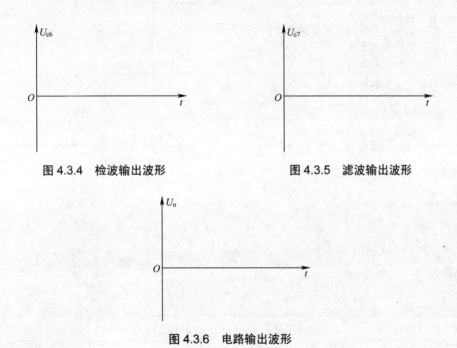

图 4.3.4　检波输出波形　　　　　　图 4.3.5　滤波输出波形

图 4.3.6　电路输出波形

任务评价

任务评价包括学生自评表、组内互评表、教师对个人评价表、教师对小组评价表，分别如表单 4-3-3、表单 4-3-4、表单 4-3-5、表单 4-3-6 所示，任务三评价成绩汇总表如表单 4-3-7 所示。

表单 4-3-3

学生自评表				
评价人签名：		评价时间：		
评价项目	具体内容	分值标准	得分	备注
敬业精神	(1) 不迟到、不缺课，不早退； (2) 学习认真，责任心强； (3) 积极参与完成项目的各个步骤	10		
专业能力	了解解调方式及各自对应的调制方式	10		
专业能力	掌握二极管大信号包络检波器的组成与工作原理	10		
专业能力	对元器件进行正确的检测和判别	10		
专业能力	能正确使用工具，按工艺要求使用对电路进行组装和焊接，并保证装接质量	10		
专业能力	熟练使用常用仪器仪表对电路进行测量	10		
专业能力	能对电路故障进行一定的分析和处理	10		
方法能力	(1) 语言表达能力； (2) 信息、资料的收集整理能力； (3) 提出有效工作、学习方法的能力； (4) 组织实施能力	15		
社会能力	(1) 与人沟通能力； (2) 团队协作能力； (3) 互助能力； (4) 安全、环保、责任意识	15		
总分		100		

表单 4-3-4

组内互评表				
班级		组别		
小组成员				
小组长签名				
评价内容	评 分 标 准	分值	得分	备注
目标明确程度	工作目标明确，工作计划具体、结合实际，具有可操作性	10		
情感态度	工作态度端正，注意力集中，能使用网络资源进行相关资料的收集	15		
团队协作	积极与组内成员合作，共同完成工作任务	15		

续表

评价内容	评 分 标 准	分值	得分	备注
专业能力要求	（1）了解解调方式及各自对应的调制方式； （2）掌握二极管大信号包络检波器的组成与工作原理； （3）对元器件进行正确的检测和判别； （4）能正确使用工具，按工艺要求对电路进行组装和焊接，并保证装接质量； （5）熟练使用常用仪器仪表对电路进行测量； （6）能对电路故障进行一定的分析和处理	60		
总分		100		

表单 4-3-5

教师对个人评价表				
责任教师		小组成员		教师签名
评价内容	分值	得分	备注	
目标认知程度	5			
情感态度	5			
团队协作	5			
资讯材料准备情况	5			
方案的制定	10			
方案的实施	45			
解决的问题	10			
安全操作、经济、环保	5			
技术文档分析	10			
总分	100			

表单 4-3-6

教师对小组评价表			
班级		组别	
责任教师		教师签名	
评价内容	分值	得分	备注
基本知识和技能水平	15		
方案设计能力	15		
任务完成情况	20		

续表

评价内容	分值	得分	备注
团队合作能力	20		
工作态度	20		
任务完成情况演示	10		
总分	100		

表单 4-3-7

任务三成绩汇总表					
班级		组别		组员	
评价方式	学生自评	组内互评	教师对个人评价	教师对小组评价	任务三评价总分数
评价分数					
评价系数	10%	30%	30%	30%	
汇总分数					
责任教师、组长、个人签名					

任务四 调幅收音机整机的组装与调试

第一部分 学习过程记录

小组成员根据调幅收音机整机的组装与调试的学习目标，认真学习相关知识，并将学习过程的内容（要点）进行记录，同时也将学习中存在的问题和意见进行记录，填写表单 4-4-1。

表单 4-4-1

项目	调幅收音机的组装与调试		任务名称	调幅收音机整机的组装与调试	
班级		组名		组员	
开始时间		计划完成时间		实际完成时间	
调幅收音机各部分电路的组成和作用					
装配前的准备工作					

续表

元器件的组装次序	
焊接前准备工作和焊接的技术要领	
焊接注意事项和焊接质量的评判	
各级静态工作点的调整方法	
中频的调整方法	
频率范围的调整方法	
统调时的调节次序	
存在的问题及反馈意见	

第二部分　工作过程记录

　　每个学习小组根据任务表单进行分工合作，并制订工作计划，按要求填写表单 4-4-2 并做好记录。

表单 4-4-2

项目名称	调幅收音机的组装与调试		任务名称	调幅收音机的组装与调试	
班级		组名		成员	
开始时间		计划完成时间		实际完成时间	
注意事项	（1）元器件焊接前要把电流测试处焊好，稍后再焊时，焊接处不会找错； （2）焊接应按照装配次序进行，做到不漏焊； （3）焊接时间控制在 2～3s； （4）元器件立式安装时，管脚不能相碰，避免短路				
小组讨论，分工合作及工作计划的结果					

4.4.1　电路的组装与焊接

元器件清点，判别其质量好坏，有问题时及时更换，并分类放置，在表 4-4-1 中填写组装元器件清单。

表 4-4-1

序号	元器件	数量	元器件参数	外形	备注

4.4.2　元器件装配次序的确定及电路的组装焊接

（1）写出元器件装配次序：

（2）根据装配次序依次焊接元器件。

4.4.3　电路的调整与测试

（1）静态工作点的测试。

测量 VT_1、VT_2、VT_3、VT_5、VT_6、VT_7 各极对地电压，计算 U_{be}、U_{ce}，将测量结果填入表 4-4-2 中。

表 4-4-2

三极管	U_e (V)	U_b (V)	U_c (V)	U_{be} (V)	U_{ce} (V)	工作状态
VT_1						
VT_2						
VT_3						
VT_5						
VT_6、VT_7						

判断三极管的工作状态为_____。

（2）调整中周。

写出中周调整的方法与步骤（分为无仪器仪表和使用相关仪器仪表两种情况）：

（3）调整频率范围。

写出频率调整的方法和步骤（分为无仪器仪表和使用相关仪器仪表两种情况）：

（4）统调，把天线用蜡固定。

写出收音机统调的方法和步骤（分为无仪器仪表和使用相关仪器仪表两种情况）：

（5）总结整理出完整的收音机组装与调试次序：

 任务评价

任务评价包括学生自评表、组内互评表、教师对个人评价表、教师对小组评价表，分别如表单 4-4-3、表单 4-4-4、表单 4-4-5、表单 4-4-6 所示，任务四评价成绩汇总表如表单 4-4-7 所示。

表单 4-4-3

学生自评表				
评价人签名：		评价时间：		
评价项目	具体内容	分值标准	得分	备注
敬业精神	（1）不迟到、不缺课，不早退； （2）学习认真，责任心强； （3）积极参与完成项目的各个步骤	10		
专业能力	了解调幅收音机各部分电路的组成及信号处理流程	10		
	熟悉调幅收音机的装配过程和调试方法	10		
	对元器件进行正确的检测和判别	10		
	能正确使用工具，按工艺要求对电路进行组装和焊接，并保证装接质量	10		
	熟练使用常用仪器仪表对电路进行测量	10		
	能对电路故障进行一定的分析和处理	10		

评价项目	具体内容	分值标准	得分	备注
方法能力	（1）语言表达能力； （2）信息、资料的收集整理能力； （3）提出有效工作、学习方法的能力； （4）组织实施能力	15		
社会能力	（1）与人沟通能力； （2）团队协作能力； （3）互助能力； （4）安全、环保、责任意识	15		
总分		100		

表单 4-4-4

组内互评表				
班级		组别		
小组成员				
小组长签名				
评价内容	评 分 标 准	分值	得分	备注
目标明确程度	工作目标明确，工作计划具体、结合实际，具有可操作性	10		
情感态度	工作态度端正，注意力集中，能使用网络资源进行相关资料的收集	15		
团队协作	积极与组内成员合作，共同完成工作任务	15		
专业能力要求	（1）了解调幅收音机各部分电路的组成及信号处理流程； （2）熟悉调幅收音机的装配过程和调试方法； （3）对元器件进行正确的检测和判别； （4）能正确使用工具，按工艺要求对电路进行组装和焊接，并保证装接质量； （5）熟练使用常用仪器仪表对电路进行测量； （6）能对电路故障进行一定的分析和处理	60		
总分		100		

表单 4-4-5

教师对个人评价表				
责任教师		小组成员		教师签名
评价内容	分值	得分	备注	
目标认知程度	5			
情感态度	5			
团队协作	5			
资讯材料准备情况	5			
方案的制定	10			
方案的实施	45			
解决的问题	10			
安全操作、经济、环保	5			
技术文档分析	10			
总分	100			

表单 4-4-6

教师对小组评价表			
班级		组别	
责任教师		教师签名	
评价内容	分值	得分	备注
基本知识和技能水平	15		
方案设计能力	15		
任务完成情况	20		
团队合作能力	20		
工作态度	20		
任务完成情况演示	10		
总分	100		

表单 4-4-7

任务四成绩汇总表					
班级		组别		组员	
评价方式	学生自评	组内互评	教师对个人评价	教师对小组评价	任务四评价总分数
评价分数					
评价系数	10%	30%	30%	30%	
汇总分数					
责任教师、组长、个人签名					

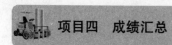 **项目四 成绩汇总**

项目四成绩汇总表					
班级		组别		组员	
评价方式	任务一	任务二	任务三	任务四	项目四 评价总分数
评价分数					
评价系数	25%	25%	25%	25%	
汇总分数					
责任教师、组长、个人签名					

高等职业教育课改系列规划教材目录

书　名	书　号	定　价
高等职业教育课改系列规划教材（公共课类）		
大学生心理健康案例教程	978-7-115-20721-0	25.00 元
高等职业教育课改系列规划教材（经管类）		
电子商务基础与应用	978-7-115-20898-9	35.00 元
网页设计与制作	978-7-115-21122-4	26.00 元
物流管理案例引导教程	978-7-115-20039-6	32.00 元
基础会计	978-7-115-20035-8	23.00 元
基础会计技能实训	978-7-115-20036-5	20.00 元
会计实务	978-7-115-21721-9	33.00 元
人力资源管理案例引导教程	978-7-115-20040-2	28.00 元
市场营销实践教程	978-7-115-20033-4	29.00 元
市场营销与策划	978-7-115-22174-9	31.00 元
商务谈判技巧	978-7-115-22333-3	23.00 元
现代推销实务	978-7-115-22406-4	23.00 元
公共关系实务	978-7-115-22312-8	20.00 元
高等职业教育课改系列规划教材（计算机类）		
网络应用工程师实训教程	978-7-115-20034-1	32.00 元
计算机应用基础	978-7-115-20037-2	26.00 元
计算机应用基础上机指导与习题集	978-7-115-20038-9	16.00 元
C 语言程序设计项目教程	978-7-115-22386-9	29.00 元
C 语言程序设计上机指导与习题集	978-7-115-22385-2	19.00 元
高等职业教育课改系列规划教材（电子信息类）		
电子电路分析与调试	978-7-115-22412-5	32.00 元
电子电路分析与调试实践指导	978-7-115-22524-5	19.00 元
电子技术基本技能	978-7-115-20031-0	28.00 元
电子线路板设计与制作	978-7-115-21763-9	22.00 元

书 名	书 号	定 价
单片机应用系统设计与制作	978-7-115-21614-4	19.00 元
PLC 控制系统设计与调试	978-7-115-21730-1	29.00 元
微控制器及其应用	978-7-115-22505-4	31.00 元
电子电路分析与实践	978-7-115-22570-2	22.00 元
电子电路分析与实践指导	978-7-115-22662-4	16.00 元
高等职业教育课改系列规划教材（动漫数字艺术类）		
游戏动画设计与制作	978-7-115-20778-4	38.00 元
游戏角色设计与制作	978-7-115-21982-4	46.00 元
游戏场景设计与制作	978-7-115-21887-2	39.00 元
高等职业教育课改系列规划教材（通信类）		
交换机（华为）安装、调试与维护	978-7-115-22223-7	38.00 元
交换机（华为）安装、调试与维护实践指导	978-7-115-22161-2	14.00 元
交换机（中兴）安装、调试与维护	978-7-115-22131-5	44.00 元
交换机（中兴）安装、调试与维护实践指导	978-7-115-22172-8	14.00 元
综合布线实训教程	978-7-115-22440-8	33.00 元
高等职业教育课改系列规划教材（机电类）		
钳工技能实训（第 2 版）	978-7-115-22700-3	18.00 元

如果您对"世纪英才"系列教材有什么好的意见和建议，可以在"世纪英才图书网"（http://www.ycbook.com.cn）上"资源下载"栏目中下载"读者信息反馈表"，发邮件至wuhan@ptpress.com.cn。谢谢您对"世纪英才"品牌职业教育教材的关注与支持！